011

팸플릿 011

내연기관자동차와
전기차의 미래

굿바이! 카

남준희 지음

한티재

차례

| 2장 | '굿바이! 미세먼지'를 위한 조기폐차

| 3장 | 환경과 폐자동차 재활용업

| 4장 | 굿바이카폐차산업 이야기

석유를 태워 힘을 얻는 내연기관자동차는 미세먼지와 질소산화물 등 각종 오염물질과 온실가스를 배출합니다. 꽉 막힌 도로 위 수천 대의 자동차를 볼 때마다 내연기관자동차를 어서 떠나보내고 싶습니다. 그런 저의 간절한 마음이 '굿바이! 카 — 내연기관자동차와 전기차의 미래'라는 이 책의 제목이 되었습니다.

배관공이 『굿바이! 미세먼지』를 펴내기까지

한때 즐겨 불렀던 노래가 〈먼지가 되어〉인데, 특히 이 가사가 마음에 들었습니다. "먼지가 되어 날아가야지, 바람에 날려 당신 곁으로~"

말하는 대로 노래하는 대로 인생이 흘러간 것일까요? 저는 미세먼지의 원인으로 손꼽히는 자동차 분야에서 종사한 지 28년이 넘었습니다. 미세먼지 이야기를 입에 달고 다닌 지는 10년이 넘었습니다. 그런 경험을 담아 미세먼지 개론서인 『굿바이! 미세먼지』를 2017년 4월에 냈습니다.

자동차공학, 기계공학, 대기학, 환경학, 행정학 등 미세먼지 정책과 관련한 학문을 전공하지 않은 제가, 감히 "미세먼지, 넌 누구냐"라고 따질 수 있는 배경엔 사실 우연한 경험과 인연이 자리잡고 있습니다. 1980년대 말 '대우'에 입사하여 근무하다 군대에 갔습니다. 행정병으로 배치되어 일을 시작한 지 2주 정도 되었을 때, 선임하사가 저에게 "일을 더는 못 하게 되었으니 가고 싶은 데를 말하면 보내주겠다"고 하였습니다. 행정병으로 일하기 위해선 비밀취급인가 2급을 받아야 하는데 승인되지 않았다는 겁니다. 고민 끝에 부대 전체의 전기, 상하수도, 난방 등을 관리하고 유지·보수하는 시설반을 요청하였습니다.

상하수도 배관을 수리하거나 교체하는 작업을 마치고 나면 고참들은 상태가 좋은 자재와 파손된 쇠파이프들을 버리지 않고 따로 보관하더군요. 왜 버리지 않느냐고 물으니 "자재가 원활히 공급되지 않을 때가 많기 때문"이라고 했습니다. 상태가 좋은 자재는 챙겨두고, 쓸 수 없는 쇠파이프는 팔려고 모은 것입니다. 군대에서의 경험을 통해 저는 중고품을 얼마나 유용하게 쓸 수 있는지를 알게 되었습니다. 회사에 복직하여 저는 IT 분야에서 일하고 싶어 컴퓨터를 수출하는 전자팀에 보내 달라고 요청했으나, 결국엔 건설기계를 수출하는 기계팀으로 갔습니다. 불만이 컸지만 어쩌겠습니까. 군대 시설반에서 상하수도 배관을 만지던 경험 덕분에 유압배관으로 움직이는 굴삭기를 수출하는 부서에 들어간 거지요. 회사를 그만두기 1년 전에는 중고 덤프트럭을 수출하는 일도 맡았는데, 이 또한 재사용·재활용의 경험 덕분이라고 생각합니다.

2004년에 회사를 나와 창업을 준비했는데, 제가 시작한 일은 역시나 '중고차 수출업'이었습니다. 폐차장에서 나오는 중고 엔진과 부품들을 구입하여 수출하는 일로 시작하여 현재는 자동차정비업과 중고차매매업, 인터넷 폐차대행업까지 범위를 확장하였습니다. 그 과정에서 때론 자동차 관련 제도와 법도 공부해야 했습니다. 2002년에 폐차협회가 제가 시작했던 '굿바이카 인터넷 폐차대행업'을 무사업자등록행위로 고발하여 2년간 변호사 없이 법원을 다녔기 때문입니다. 물론 대법원에서 무죄 판결을 받았습니다. 이렇게 먹고살기 위해 시작한 중고차 수출업은 시간이 흐르면서 확대될 뿐만 아니라 저는 그 와중에 자동차 법과 제도 분야의 전문적인 지식까지 쌓게 되었습니다.

이런 경험과 노력 덕분일까요? 처음엔 자동차사업 경험을 살려 공식·비공식적인 자문을 하였고, 나중엔 정식으로 환경부

중앙환경보전자문위원회 대기교통 분과의 자문위원으로 임명 되기도 했습니다. 그리고 2012년에 녹색당이 창당하자 기쁜 마음으로 당원이 됐습니다. 재사용·재활용을 평생의 업으로 여기고, 대기오염을 줄이기 위해 고민하던 저에게 생태와 환경을 중요하게 생각하는 녹색당의 정책과 가치는 큰 울림을 주었습니다. 우연한 계기로 마주했던 경험들은 결국 군대 시설반 배관공 → 건설기계와 중고 덤프트럭을 수출하는 상사맨 → 인터넷 폐차대행업자 → 미세먼지 저감대책 자문위원 → 녹색당원으로 이어졌고, 『굿바이! 미세먼지』와 『굿바이! 카』를 통해 미세먼지 문제와 해결을 위한 저만의 목소리를 낼 수 있게 되었습니다.

이 책은 폐차장 사장으로서 제가 했던 경험을 바탕으로 쉽게 적었습니다. 1장에서는 내연기관자동차를 대체할 수 있는 전기자동차에 대한 이야기와 보급을 확대하는 정책의 집행과정과 관련한 생각들을 정리했습니다. 2장은 대기오염을 줄이고 기후변화를 억제할 수 있는 조기폐차에 대한 정의와 관련 정책의 아쉬운 점과 보완해야 할 점들을 적었습니다. 3장은 특히 폐자동차 재활용업에 몸담고 있는 저의 경험에서 비롯된 글들이 많습니다. 재활용업의 현황과 전망에 대한 생각을 정리했습니다. 4장에선 폐차장 사장으로서 겪은 소소한 일들부터, 정부와 어렵사리 싸움을 하게 된 이야기들을 담았습니다.

1

전기자동차의 시대가
오고 있다

가까운 미래인 2025년~2040년에 내연기관자동차의 생산과 판매를 중지하겠다고 선언하는 나라들이 늘고 있습니다. 문재인 대통령도 "2030년까지 개인용 경유 승용차 운행을 전면 금지하겠다"고 공약을 제시했는데, 이 또한 내연기관자동차 시대의 끝이 멀지 않았음을 말해주고 있습니다. 1장에서는 '굿바이! 내연기관자동차'를 선언하면서 전기자동차 시대가 오고 있음을 이야기해 보겠습니다.

석유, 그만 태우자

RPM은 Revolution Per Minute의 약자로 '분당 회전속도'를 뜻합니다. 더 정확히 말하면 엔진(원동기)의 주회전축인 크랭크축Crankshaft의 분당 회전속도가 바로 RPM입니다. 엔진은 화석연료인 석유에서 나오는 휘발유(가솔린), 경유(디젤), 액화석유가스LPG, 압축천연가스CNG를 태워서 생긴 폭발력으로 움직입니다. 이렇게 석유를 태우면 폭발력을 얻는 동시에, 지구의 온도를 올리는 이산화탄소와 다양한 유해가스와 입자상물질을 세상에 뿜어냅니다. 1,800RPM은 분당 크랭크축이 1,800회 회전, 다시 말해서 1초당 30회, 1시간에는 무려 10만 8천 번 회전하는 걸 뜻합니다. 현재 자동차에 쓰이는 대부분의 엔진은 '흡입-압축-폭발-배기'라는 4행정이 크랭크축이 2회전하는 동안에 이뤄지는 '4행정 방식'이므로 크랭크축은 2회전에 1회 폭발하며, 엔진의 한 실린더로 보면 1,800회 회전하는 동안 900회의 폭발이 일어납니다. 여기에 엔진이 4기통이면 4를 곱해줘야하므로 4기통 엔진을 장착한 자동차가 1,800RPM으로 1분간 주행한다면 900×4=3,600번의 폭발이 일어나는 것입니다.

몸무게 0.1톤 운전자가 1톤 이상 나가는 자가용을 타고 1분간 1,800RPM으로 운전한다고 가정할 경우, 4기통 엔진으로 석유를 3,600번이나 태우는 셈입니다. 그런데 우리가 일상에서 사용하는 석유는 수백만 년도 더 된 과거에 만들어졌습니다. 우리가 시속 60km 속도로 운전한다는 것은, 1분 동안 1km의 거리를 이동하기 위해 수백만 년 이상 된 축적물을 3,600번이나 태운다는 것을 의미합니다. 1분 동안 1km를 이동하기 위하여 수백만 년의 결과물을 3,600번 태운다니, 이러한 시간의 비대칭성이 얼마나 엄청난지요? 시간과 역사의 무게를 거슬러 지구와 인간 모두를 위협하는 이런 삶을 과연 지속가능하다고 말할 수 있을까요? 또한 태우는 과정에서 이산화탄소를 비롯한 온실가스 등을 배출하여 지구의 온도를 계속해서 높이고 있습니다.

석유는 연료로만 사용하는 게 아닙니다. 플라스틱이나 비닐, 합성섬유 등 일상에서도 쉽게 접할 수 있는 수많은 제품에 쓰인다는 점에서, 적어도 연료로는 그만 태워야 하지 않을까요? 왜냐하면, 화석연료가 없어도 움직이는 '전기자동차'라는 대안이 있기 때문입니다. 석유를 자동차의 연료로 사용하는 동안 우리는 온실가스를 비롯한 오염물질을 계속 배출해왔고, 더구나 석유는 서서히 고갈되어 가고 있습니다.

이제 석유를 자동차, 건설기계, 선박 등의 연료로 그만 태웁시다. 전력으로 움직이는 전철과 KTX는 이미 우리 삶 깊이 들어와 있고, 배터리나 수소연료전지로 작동하는 전기자동차, 전기건설기계, 전기선박, 전기비행기가 점점 현실적인 대안으로 등장하고 있습니다. 석유로 대표되는 화석연료 없이 사는 삶은 결코 허황된 상상이 아닙니다. 먼 미래의 이야기도 아닙니다. 현재진행형의 변화이자, 더 나은 삶을 위해 우리가 꼭 만들어 가야 하는 미래입니다.

전기는 만들 수 있다

강연에서 전기자동차 시대가 오고 있다는 말씀을 드리면 "충전 후 주행거리가 짧다, 충전시설이 부족하다, 전기수요 폭증시켜서 핵발전소 더 짓게 만든다"라는 여러 부정적인 반응을 접하게 됩니다. 물론 함께 고민해 볼 만한 비판도 많습니다. 그런데 저는 되묻고 싶습니다. "석유를 만들 수 있습니까? 그렇다면 전기는요? 그럼 무엇을 쓰고, 무엇을 쓰지 말아야 할까요?"

누군가가 유전에서 석유를 시추하는 것보다 더 싼 비용으로 석유를 만들 수 있다면, 그 사람은 아마도 전 세계가 탐낼 기술을 갖고 있다 해도 과언이 아닐 겁니다. 애석하게도 저는 아직까지 그런 소식을 듣거나 본 적이 없으니 영화 속에서나 가능하다고 생각합니다. 수백만 년의 시간이 순식간에 흐르지 않는 이상, 석유를 만들어 낼 수는 없습니다. 그것도 인위적으로 만들 수는 더더욱 없습니다.

그러면 전기는 만들 수 있습니까? 예, 만들 수 있습니다. 큰 기업만이 아니라 개인이나 마을 단위에서도 만들 수 있습니다. 서울시는 박원순 시장의 임기 동안 전력수요를 줄이고 에너지 효율을 높였으며, 특히 가정과 기업, 상가, 관공서 등에서 핵발전소 1.8기 분량의 친환경에너지를 생산(태양광과 지열발전, 연료전지 사업 등)했습니다. 이처럼 우리가 전기를 아끼고 더 많이 생산할수록 전기로 가동되는 자동차의 경제성과 효용성은 커집니다. 석유를 운송수단의 연료로 태우면서 발생시킨 온실가스와 인체에 위해한 오염물질들이 지구온난화, 폭염과 혹한과 같은 형태로 우리를 위협하고 있는 이때, 전력으로 자동차를 움직일 수 있다면, 늦기 전에 바꾸어야 하지 않을까요?

전기차 시대, 현기차의 미래

우리나라 자동차산업에서 현대·기아자동차(이하 현기차)의 독과점은 앞으로도 지속될 것으로 보입니다. 특히 현대차는 80대 정몽구 회장의 10조 원 삼성동 한전부지 매입 결단과 같은 독단적인 결정과 상명하달로 운영되고 있고, 수소연료전지차FCEV, 플러그인하이브리드 전기자동차PHEV, 배터리 전기자동차BEV 등 전 분야에 투자하여 연구역량을 분산시키고 있습니다.

현기차는 환경부가 대기환경보전법에 명시하여 오랫동안 추진했던 '저탄소차협력금제도' 시행을, 국내 자동차산업의 경쟁력을 보호해야 한다는 명목으로 정부에 로비하여 한참 뒤로 미루게 하였습니다. 2016년 현대차가 충전 후 191km를 달리는 전기자동차 전용모델인 '아이오닉'을 출시했을 때, 테슬라는

300km 이상 달리는 '모델 3'로 단숨에 시장을 석권했습니다. 현기차는 우리나라 자동차 분야에서 독보적인 1위를 달리고 있지만, 유독 전기자동차 분야에서는 세계시장에서 한참이나 뒤처져 있습니다. 변화를 읽지 못하고 여전히 화석연료로 움직이는 자동차에 대한 미련을 버리지 못한 때문일까요? 아니면 지금처럼 운영해도 국내 부동의 1위 자리가 위협받지 않기 때문일까요? 현기차는 2018년에야 충전 후 주행거리 380km 이상의 현대 코나KONA와 기아 니로NIRO 전기자동차를 출시한다고 발표했습니다. 그러나 전기자동차 전용모델이 아니라는 점은 여전히 아쉬움으로 남습니다.

우리나라의 경제를 생각하면 현기차가 건강하고 순조롭게 성장하면 좋겠습니다. 현기차는 그동안 애국심 마케팅과 장시간 노동, 하청업체 쥐어짜기, 1등 따라하기로 고속성장에 성공했습니다. 하지만, 그러한 전략들에 계속 의지해서는 미래 전기자동차 시장에서의 경쟁력은 암울하기만 합니다.

실제로 현기차는 테슬라와 BYD, 닛산, BMW에 비해 전기자동차 전용모델인 아이오닉의 출시가 많이 늦었습니다. 그 이전에 보급되었던 레이Ray나 소울Soul 전기차는 엔진을 달고 출시한 상태에서 엔진과 연료통을 들어낸 뒤, 모터와 배터리 등을 장착한 차종으로 '완전한 전기차'로 보기는 어렵습니다. 엔진과 전기모터는 작동방식, 진동, 소음, 냄새 등이 완전히 다르기에 각각에 맞는 차체 설계가 따로 있는데, 엔진을 장착했던 차량 모델에 전기모터를 장착한다는 것은 신사복에 넥타이를 매고 100미터 달리기를 하는 격입니다. 이는 결국 현기차가 전기자동차를 생산할 능력과 의욕이 얼마나 부족한지를 보여주는 사례입니다.

하이브리드자동차만 하더라도 GM의 볼트Volt와 토요타의 프리우스Prius는 독자모델이지만, 현기차는 소나타, K5 등 기존의 엔진모델을 개조한 것에 불과합니다. 수소연료전지차FCEV도 토요타와 혼다는 독자모델을 출시했지만 현기차는 산타페와 투싼을 개조하였지요. 2018년에 독자모델인 넥쏘NEXO를 출시한다고 하나 상당히 늦은 감이 있습니다. 전기자동차가 대세가 되었지만, 그것을 부정한 채 여전히 해오던 대로 사업을 운영하고 있는 것 같아 안타깝습니다.

전기차의 거대한 물결

토요타에서 만든 'I-ROAD'는 소형배달용으로 제작된 'COMS'을 보완한 (1인)승객이동용 전기차입니다. 차폭이 870mm로 이륜차(오토바이)와 비슷하지만, '옆으로 쓰러지진 않을까' 하는 운전자의 불안을 없애기 위해 균형을 유지하는 기

토요타에서 만든 승객이동용 전기차 'I-ROAD'. (출처: www.toyota.co.jp)

능Active Lean System이 탑재돼 있습니다. 참 기발합니다.

　라이프치히에 있는 BMW 전기자동차 i3와 i8 제조공장을 2014년 10월에 방문했을 때, 망치로 뒤통수를 세게 맞은 것 같은 충격을 받았습니다. 공장 바로 앞에 대형 풍력발전소 4기가 돌아가고 있었는데, 공장에서 필요한 전력의 상당 부분을 친환경발전으로 해결하였습니다. 공장 안에 들어가니 자동차공장에서 흔히 들을 수 있는 볼트와 너트 조이는 기계음이 들리지 않더군요. 섬유강화플라스틱FRP으로 상체 전체를 일체형으로 만들어 하부에 접착하는 새로운 기술이기에 볼트와 너트가 거의 쓰이지 않았습니다.

미국과 중국의 전기차 산업이 발전할 수 있었던 건 테슬라와 GM, 혁신의 BYD와 버스 분야 세계 1위인 Yutung 등의 기업이 있기 때문입니다. 일본은 하이브리드자동차 세계 1위인 토요타와 전기자동차를 최초로 양산한 닛산이 버티고 있습니다. 전기자동차는 이미 거스를 수 없는 거대한 물결로 우리에게 다가오고 있습니다. 현재 우리나라는 전기자동차 부문에서 후진국입니다. 걱정이 많이 됩니다.

2016년 6월에 열린 제1차 '전기차 리더스포럼'에서 삼성SDI가 「전기차 배터리의 현황 및 향후」라는 흥미로운 발표를 했습니다. 전기자동차 배터리는 1회 충전 시 주행거리, 가격, 충전시간, 안전성과 신뢰성(수명)이 중요하지만, 그중에서도 가장 중요한 것은 바로 주행거리일 것입니다. 2016년과 2017년에 판매했던 전기자동차의 주행거리는 150~190km 정도였습니다. 여기에 에어컨이나 히터를 틀면 100km대까지 줄어들어, 언제 또 충전해야 하나 불안한 것이 사실입니다. 그러나 1회 충전을 했을 때 주행거리가 400~600km가 되면 이러한 걱정이 사라집니다. 전기자동차 구매와 사용 시 소비자가 하는 가장 큰 고민사항이 해결되는 것이지요.

또한 2023~2025년이 되면 배터리 가격이 내연기관 가격과 비슷한 수준이 된다고 합니다. 지금부터 5년에서 7년 뒤에는 전기자동차 가격이 기존 내연기관자동차와 같아진다는 거지요. 우리는 과연 멀지 않은 미래의 이동수단인 전기자동차를 위해 얼마나 준비가 되어 있을까요? 더 많은 관심과 지원이 없다면 다른 나라 자동차 회사와의 경쟁에서 크게 뒤처질 수밖에 없을 것입니다.

중국 심천시의 상전벽해

2015년 4월에 전기자동차협회는 환경부와 지자체 공무원, 전기차와 충전기 제작사 임직원, 연구원 등 20명의 방문단을 구성하여 중국 심천-정주-북경-천진-상해를 방문하였습니다. 중국의 주요 전기자동차 제작사를 견학하였는데, 20여 년 만에 방문한 중국은 저에게 엄청난 충격을 주었습니다. 뽕 따고 놀던 밭이 푸른 물결 넘실거리는 바다로 변한 격이었습니다. 중국이 우리나라보다 전기자동차 산업에서는 앞서 가고 있었습니다.

첫 방문지인 심천시는 재생에너지와 전기차를 적극적으로 보급하는 정책을 추진 중이었고, 현재 중국에서 전기자동차 제작에서 제일 앞서 나가는 BYD 본사가 있었습니다. BYD는 Build Your Dreams의 약자인데, 전 세계에서 순수 전기자동차를 제일 많이 생산하는 회사입니다. BYD사는 심천시와 긴밀

히 협력하여 심천시에 전기택시와 전기버스를 납품하고 있으며, 2015년 초 기준으로 전체 전기차 중 대중교통용과 관용(버스, 택시, 경찰차, 시 업무 차)이 40%, 자가용이 60%를 차지하였습니다. BYD가 생산하여 공급한 전기차 e6가 택시로 사용 중이며, BYD가 투자하여 설치한 택시용 충전소는 118기나 되는데 33kW 중속으로 동시 충전이 가능하였습니다.

심천시의 전기택시는 국영버스 회사에서 55%, BYD사에서 45%를 투자하여 2009년에 설립한 전기택시 회사 소속인데, 850대가 운행 중이었습니다. 이 전기택시 회사는 2010년 5월에 전기택시 50대로 사업을 시작하였고, 2015년에는 세계 최대의 전기택시 회사로 성장하였으며 중국에서는 유일하게 흑

자전환에 성공하였습니다. 저는 e6 전기택시를 3년간 운행한 기사님과 직접 대화를 하였는데, "e6는 성능도 좋고 편안하며 충전 후에는 200km까지 운행이 가능하다. 하지만 한 번 충전할 때마다 두 시간이 소요된다"는 솔직한 평을 들을 수 있었습니다. 4~5시간은 손님을 못 태우니, 월 사납금인 1만 위안을 내는 게 부담된다고 지적한 것입니다. 심천시는 전기택시를 확대하기 위해, 가솔린택시 요금에 1~3위안이 부과되는 연료부가세를 전기택시에는 면제해주고 있었습니다. 물론 현재의 전기차는 기사님이 지적한 대로 기술적인 한계가 존재하지만, 심천시는 이를 상쇄할 만큼의 제도적인 지원을 하고 있었습니다.

2015년에 중국 심천시는 이미 전기택시 850대를 운행 중이었는데, 서울엔 과연 몇 대의 전기택시가 운행 중이었을까요? 누구도 관심 갖지 않고 지원조차 하지 않는 새로운 사업이 저절로 발전하고 시장에 자리잡는 경우는 거의 없습니다. 전기자동차의 단점이나 한계가 존재하지만 시나 국가 차원에서 제도적으로 지원함으로써 변화의 싹을 움트게 만드는 것이 중요합니다.

정부의 허술한 전기차 보급계획

국내에서 2015년 11월에 열린 '전기차 보급 정책토론회'에서 한 연구원이 "2020년까지 순수 전기차를 20만 대 보급하겠다는 정부의 계획은 달성하기 어려울 것"이라고 비판했습니다. 사실 저는 그의 비판을 듣고도 놀라지 않았습니다.

전기차 보급은 녹색성장시대를 표방한 MB정권 초기부터 주요 정책이었습니다. 2008년에는 "2020년까지 100만 대를 보급하여 세계 3위의 전기차 생산 강대국을 만들겠다"고 발표하였습니다. 그러나 100만 대 보급이라는 허황된 목표는 2015년에는 20만 대로 줄어들었고, 정책토론회에서는 축소된 목표마저도 달성하기 어렵다는 쓴소리가 나온 것입니다. 그렇다면 MB정부의 전기차 보급 정책은 왜 실패한 것일까요?

2020년까지 전기차 20만 대를 보급하겠다는 목표는 다른 나라와 비교해 보면 그렇게 대단한 수치는 아닙니다. 당시 독일의 목표는 100만 대였고, 중국은 500만 대를 보급하겠다는 목표를 제시했습니다. 2020년까지 친환경차 100만 대 시대를 열고 신차 판매의 20%를 차지하겠다는 '제3차 환경친화적 자동차 개발 및 보급 기본계획(2016~2020년)'은 훌륭한 정책이었습니다. 그런데 당장 2016년 1만 대 보급 목표가 예산심의 과정에서 8천 대로 줄었습니다. 계획 첫 해부터 목표를 달성하지 못

한 것입니다. '한 대당 1,500만 원'의 국고보조금이 예산을 협의
하는 과정에서 '1,200만 원'으로 줄었고, 결국 8천 대를 보급할
정도의 예산만 나온 것입니다. 1만 대 보급을 위한 예산도 확보
하지 못하였는데, 2017년 3만 대 보급을 위한 예산은 더욱 기
대하기 어려웠습니다.

더구나 1만 대 보급 계획에서 축소된 2016년의 보급 목표
8천 대는 실제 5,914대에 머물렀고, 2017년도 보급 목표는 3만
대의 절반도 안 되는 14,000대로 감소하였습니다. 이런 현상은
'2018년 전기자동차 보급 예산'을 편성하는 문재인 정권에서
도 반복되었는데, 3만 대 보급 목표에 필요한 예산을 확보하지
못하고 2만 대의 예산을 대당 1,000만~1,200만 원으로 낮추어
확정하는 데 그쳤습니다. 이렇게 필요한 예산을 환경부가 연거
푸 확보하지 못하는 상황에서 2022년까지 35만 대의 전기자동
차를 보급할 수 있을까요?

2016년에는 중앙정부의 예산축소에 더하여 지자체의 보급
의지도 강력하지 않았습니다. 제주도에서는 전기차 4천 대를
보급하기 위해 국고보조금과 함께 자체 예산으로 1대당 7백
만 원의 지원금을 책정하였습니다. 서울시는 처음에 1대당 1백
5십만 원을 책정하고, 관공서, 리스, 렌탈, 택시용으로 집중하여
1천 대를 보급할 것이라고 목표를 제시하였습니다. 제주도에
비해 1대당 지원금을 겨우 5분의 1만큼만 배정한 것입니다.

전기차 보급이 미진한 상황에서 2016년 6월 미세먼지 관리 특별대책에서 친환경차 보급 계획을 다시 발표하였습니다. 2020년까지 신차 판매의 30%(연간 48만 대)를 전기차 등 친환경차로 대체(총 150만 대)하고, 그중 전기차의 보급 목표는 20만 대에서 25만 대로 상향 조정하였습니다. 기존 주유소의 25% 수준으로 충전인프라를 확충(총 3,100기)한다는 목표도 세웠습니다. 그러나 전기자동차 보급 목표를 '20만 대에서 25만 대'로 늘렸지만, 이를 위한 구체적이고 실행 가능한 계획은 보이지 않는다는 게 문제입니다. 전기차를 확대할 의지가 부족하다고 평가할 수밖에 없습니다.

2016년에 전기차 보급은 왜 저조했을까?

2016년에 1만 대에서 2천 대 깎인 8천 대를 보급하기 위한 예산이 배정되었지만 8천 대의 전기차 보급도 쉽지 않았습니다. 정부예산이 배정되었다 하더라도, 그것을 구입하는 소비자가 구매결정을 하지 않는다면 정책은 성공할 수 없을 겁니다. 정부의 '정책과 지원'이, 전기차에 대해 확신을 갖지 못한 소비자들의 구매를 유도할 수 있는 중요한 요소입니다.

2016년 5월까지 실제로 보급된 전기차는 500대 미만이었습니다. 당시 국고보조금은 1,500만 원에서 1,200만 원으로 300만 원이나 줄었고, 서울시 등 지자체 보조금도 줄었습니다. 게다가 급속충전요금도 무료에서 '유료'로 바뀌었고, 충전 후 주행거리가 300km가 넘는 테슬라, 볼트 등 새로운 모델이 2017년과 2018년에 출시되는 등 전기차 보급이 목표에 미치지 못한 이유는 많았습니다.

우선 2016년에는 충전 후 주행거리가 모두 150km 미만으로 만족스럽지 않았을 뿐만 아니라 전기차의 종류도 매우 적었습니다. 그중에서도 야외활동에 적합한 SUV급의 플러그인 전기자동차PHEV나 배터리 전기자동차BEV의 국내 출시는 아예 없었습니다. 2016년에는 기아자동차의 소형 SUV '니로 하이브리드'만 나왔고, 2017년이 되어서 '니로 PHEV'가 출시되어 큰 인기를 끌었습니다. 그 와중에 우리나라에서는 2016년까지 디젤차의 판매가 급증하였습니다. 여기에는 국내 생산된 SUV의 역할이 컸습니다. 투싼, 산타페, 소울, 스포티지, 소렌토, 카니발, 티볼리, 코란도, QM6와 같은 디젤차가 출시되는 동안 동급의 전기자동차는 출시되지 못했습니다.

게다가 국고보조금 인하와 충전요금 유료화 전환은 2016년 전기자동차 보급에 찬물을 끼얹었습니다.

국제에너지기구IEA와 경제협력개발기구OECD가 「글로벌 전기차 전망 2016」에서 발표한 '전기차 이니셔티브 16개 회원국' 중에서 우리나라는 2015년까지 전기자동차(BEV + PHEV) 판매 누적 대수가 4,330대로 전 세계 126만 대의 0.3% 수준으로 13위였으며, 2015년 전체 자동차 판매량 대비 전기자동차 판매비율도 0.2%(2,810대/157만 대)로 12위였습니다. 말 그대로 최하위 수준이었습니다. 환경부는 2016년 전기차 8천 대를 보급하여 2015년의 0.2%를 0.5%(0.8만 대/157만 대)로 올리고, 2020년까지 급속충전기를 3,100기(전국 주유소의 1/4 수준)로 확충하여 2020년에는 전기차 판매 비중을 5.3%(8.4만 대/160만 대)로 높이겠다고 밝혔습니다.

계획은 그러했는데 정작 2016년부터 국고에서 지원되는 구매보조금은 1,500만 원에서 1,200만 원으로 줄었고, 급속충전료가 무료에서 kWh당 313.10원으로 유료로 바뀌었습니다. 이모든 변화들은 전기자동차를 구매하려는 소비자에게 부정적인 영향을 미치는 요소들입니다. 그 결과 2016년 5월까지 전기차 판매목표(8,000대) 달성률은 5% 미만이었습니다.

물론 급속충전기를 3,100기 더 설치하면 전기자동차 보급에 도움이 되는 건 사실입니다. 하지만 전국 주유소와 충전기의 숫자를 일 대 일로 비교하면 안 됩니다. 2015년 말 주유소 숫자는 총 12,178개입니다. 주유소에 주유기 하나만 있지 않고 보통 3~4개의 주유기가 있으니 여기에 3 내지 4를 곱해서 계산해야 합니다. 이렇게 비교한다면 3,100기의 급속충전기는 전국 주유기의 10분의 1 미만에 불과합니다. 또한 급속충전기는 비상시 대비용이지 그 자체가 전기자동차 충전의 핵심이 될 수는 없습니다. 완속, 중속, 휴대용 등 다양한 충전기가 함께 보급되어야 합니다.

충전소도 부족한 상황에서 전기차 사용자는 2016년 4월부터 충전할 때 kW당 313.10원의 요금을 내야 했습니다. 그전까지는 공짜였는데 말이죠. 사용자가 자신의 전기자동차를 운행하기 위해 충전할 때, 전기료를 내는 건 언뜻 생각하면 당연하게 여겨집니다. 하지만 운행 중에 CO_2와 미세먼지, 산화질소 등을 내뿜지 않는다는 점에서, 충전 시 짧은 주행거리와 부족한 충전소라는 불편함을 참는 전기자동차 사용자들에게 최소한의 지원을 해주는 것이 더욱 타당해 보입니다.

한편, 아직 전기자동차의 가격이 내연기관(엔진) 장착 자동차에 비해 높은 상황에서, 전기차 보조금이 전기차와 내연기관자동차의 차액에 불과할 정도로 낮은 것은 구매자 입장에서 결코 충분한 혜택이 아닙니다. 배터리 수명에 대한 불안과 충전의 불편함만이 아니라 중고차 시장에서 적정한 가격이 형성되어 있지 않기에 재산상 불이익을 입을 수도 있습니다. 전기차를 살때 주는 보조금이 일회성인 데 반해 급속충전기 요금이 무료라는 점은 전기차의 여러 불편했던 점들을 상쇄하는 지원정책이었습니다. 그런데 이마저도 2016년에 유료로 전환됐습니다.

정부가 2015년 3천 대에서 2016년 8천 대로 약 3배나 보급 목표를 확대한 것과 보조금을 줄이고 충전요금을 유료화한 것은 결국 정책과 현실이 서로 상충되는 것이 아니냐는 우려를 갖게 만들었습니다. 결국 몇 달 뒤에 정부는 구매보조금을 1,200만 원에서 1,400만 원으로 부랴부랴 올리고, 충전요금은 50% 감면으로 다시 바뀌었습니다. 전기자동차를 구매하려는 소비자에게 큰 혼란만을 준 셈입니다.

산업부와 환경부의 전기차 시장 전망

2017년 11월 29일에 국회의원회관에서 국회 신성장산업포럼이 주최하고 전기자동차협회가 주관한 '전기차 리더스포럼'이 열렸습니다. 이 자리에서 산업통상자원부의 자동차산업 정책 담당 과장은 「미래차 시장 전망」을 발표하였습니다. 담당자는 "전기차·자율차 등 미래차는 2025년을 기점으로 폭발적인 성장이 예상되며, 2030년 신차 중 전기차가 30%, 자율주행 기능이 탑재된 차는 41%가 될 것"이라고 예상하였습니다. 또한 앞으로 "전기차와 자율주행자동차의 연구개발 및 생산이 활성화되도록 정책을 적극 펴겠다"고 덧붙였습니다. 같은 자리에서 환경부는 「국내시장 요인 분석」을 통해 전기차 보급정책의 한계로 "예산에 종속된 전기차 보급정책의 문제, 높은 보조금 의존도(보급 대수 변동), 중·장기적인 친환경차 보급 전략의 부재"를 지적하였고, "매년 1조 원 규모의 보조금이 소요되어 2022년까지 현행 수준이 유지될 경우에 약 5조 원의 지출이 예상된다"고 하였습니다.

물론 국내만이 아니라 전 세계적으로 전기차가 주도하는 시장으로 변하고 있으며, 유럽의 많은 국가들이 내연기관 모델의 판매금지를 선언했다고 밝혔습니다. 산업부와 환경부 모두 전기차로의 변화는 막을 수 없으며, 정부와 자동차 업계는 이에 적극적으로 대비해야 한다고 하였습니다. 그들의 기대와 긍정적인 전망에도 불구하고, 말만 화려했던 그 자리가 불편했던 것은 저만이 아닐 것입니다.

전력수요 증가, 감당할 수 있나?

이러한 산업부와 환경부의 전기차 개발, 생산, 보급에 대한 긍정적인 입장에 대해 전기차 보급 급증에 따른 전력수요 폭증을 걱정하는 분들도 있습니다. 이에 대해서는 다양한 의견이 있습니다만, 신병윤 고려대 박사는 언론(『연합뉴스』 2017. 7. 26)과의 인터뷰에서 "정부가 목표로 제시한 2030년까지 국내 전기차 100만 대 보급을 기준으로, 전기차 충전에 따른 전력수요가 최저 40만 2천kW에서 최대 54만 7천kW에 달하여 2030년 전체 전력수요 전망치 101.9GW의 0.54% 이하"라고 내다보았습니다. 2030년까지 전기차 100만 대를 보급하겠다는 목표——현재까지의 속도로 보면 매우 어려울 듯하지만——를 달성하더라도 전력수요는 크게 늘지 않을 것이라고 전망하였습니다.

2017년 12월에 국회 입법조사처가 발표한 보고서 「친환경 자동차법의 전기자동차 구매지원제도에 관한 입법영향 분석」도 있습니다. 이 보고서에선 "전체 승용차 1,788만 대 가운데 5%가 전기차로 전환될 경우 주 1회 충전할 때 일 98만kWh의 전력이, 주 3회 충전할 때 일 295만kWh의 전력수요가 예상되는데 현재 공급예비력이 1,942만kW에 이르고 있어 단기적으로 큰 영향은 없으며 전력수급상 문제는 없을 것"이라고 비슷하게 예상하였습니다.

전기차가 보급됨에 따라 전력수요 증가가 매우 클 것이라는 우려의 근거 중 하나는 보급된 전기차의 일부가 급속충전기를 동시에 이용한다는 것입니다. 그러나 저는 이런 전력수요 계산 방식에 동의하기 힘듭니다. 전기차의 충전망은, 현재 시범단계이지만, 스마트그리드에 기반을 두어 수요와 공급을 지역별·시간대별로 조절하기 때문에 갑자기 급속충전 수요가 몰린다고 하더라도 이를 감당할 수 있게 설계 및 구축이 진행되고 있습니다. 또한 급속충전 자체가 전기차의 일반적인 충전방식이 아니라 급할 때 사용하는 '비상용'이며, 가정과 일터에서는 전력수요가 적어 전기요금이 싼 시간대에 완속 충전하는 것이 전기차 사용자뿐만 아니라 전력 공급자에게도 경제적이고 효율적인 기본 충전방식입니다. 그러므로 같은 시간대에 많은 이용자가 급속충전기를 이용할 것이라는 전제는 기우라고 생각합니다.

'굿바이! 내연기관자동차'를 국가정책으로

노르웨이와 네덜란드는 2025년부터는 전기차만 판매할 수 있도록 했고, 독일 연방하원은 2030년부터 내연기관자동차 판매를 금지하는 결의안을 채택했으며, 프랑스와 영국은 2040년부터 내연기관자동차의 판매를 금지하겠다고 발표했습니다. 이들 국가들은 '굿바이! 내연기관자동차'를 실제로 추진 중입니다. 프랑스는 파리올림픽이 열리는 2024년까지 경유차의 이용을 금지하고, 2030년까지 휘발유차의 이용을 단계적으로 금지할 계획이라고 이미 발표했습니다. 중국 북경시는 2018년에 추첨제로 관리하는 자동차 신규등록 대수를 2017년의 15만 대에서 10만 대로 축소할 것이며, 그중 6만 대는 전기차만 등록이 가능하다고 합니다.

우리나라는 아직 내연기관자동차의 생산 및 판매 금지에 대한 논의가 미약하며 다양한 이해관계자와 시민들의 공감대 형성도 적은 편입니다. 2017년 8월에 민병두 더불어민주당 의원이 2030년부터 하이브리드자동차를 포함하여 휘발유와 경유를 사용하는 모든 내연기관자동차의 판매를 금지하는 '환경친화적 자동차의 개발 및 보급 촉진에 관한 법률' 일부 개정안을 국회에 제출했는데, 이번 20대 국회에서 통과될 수 있을까요? 아직 내연기관자동차에 의존하는 국내 자동차제작사와 산업부의 강력한 반대 때문에 제대로 논의조차 못 하고 폐기될 가능성이 높아 보입니다. 이러한 중요한 결정과 방향을 공론화하고 시민들의 공감대를 넓힐 방법은 무엇일까요? 2030년이 빠르다면 2035년이나 2040년, 이마저도 이르다고 한다면 2050년이라도 '굿바이! 내연기관자동차'를 하겠다는 일정을 합의하고 법에 명시하는 게 장기적인 국가정책으로 바람직한 게 아닐까요?

노후 경유자동차의 전기차 개조 지원정책

저는 2008년부터 (가칭)전기차개조협회에 참여하여 오래된 경유엔진을 장착한 1톤 트럭이나 승합차를 전기자동차로 개조

하는 사업을 추진하였습니다. '이쁘자나R'이라는 2인승 전기
자동차를 개발하여 출시하고 있는 파워프라자(www.powerplaza.
co.kr)라는 실력 있는 중소기업이 중심이었고, 저는 경유차를 전
기자동차로 개조할 때 나오는 중고엔진과 변속기 등을 매입하
였습니다.

　　당시 환경부가 추진하던 '경유차 배출가스 저감사업'에 참
여하면서, 그 사업 중 하나인 노후 경유자동차의 LPG 엔진 개
조사업의 장단점과 한계를 깨달았습니다. 이후 여건이 성숙되
면 이 사업을 대체하는 신사업으로 전기차 개조를 생각하고
2008년에 모 국회의원실과 협력하여 대기환경보전법 58조 일
부 개정안을 발의하여 2009년에 국회 본회의에서 통과가 되었
습니다. 58조 1항 1호의 '저공해자동차로의 전환 또는 개조'에
서 '전환'은 차량을 신차로 아예 바꾸는 기존의 조문이었고, 여
기에 '개조'를 추가하여 전기차로 개조하도록 명령하고 개조비
용을 지원할 수 있도록 한 것입니다. 법률이 개정되고 9년이 지
나면서 기술은 향상되고 비용은 낮아지고 있습니다만, 여전히
노후 경유차의 저공해자동차로의 개조에 대한 논의나 검토, 연
구는 부족합니다. 대기환경보전법이 개정되어 지자체가 노후
경유자동차를 저공해자동차로 개조하도록 명령할 수 있는 근
거가 존재하지만, 여전히 다른 문제들과 충돌합니다. 바로 국토
교통부가 관할하던 자동차 안전규정에서 '5년 미만 차량'만을

전기자동차 개조 대상으로 한정지었던 것입니다. 법 개정 후 몇 몇 분과 함께 국토교통부의 자동차정책 담당 사무관을 방문하여 5년 이상 노후 경유차의 전기차 개조에 대한 필요성과 기술적 가능성을 설명하며 규정 변경을 요청하였습니다.

이러한 규제 때문에 현재까지 '0.5톤 라보'와 '1톤 트럭'의 개조는 신차로만 소량으로 이뤄졌습니다. 다행히 2016년 4월에 국토교통부는 '자동차 구조·장치 변경에 관한 규정'을 개정하면서 제22조(전기자동차로의 구조·장치 변경 승인신청 등) 제1항에서 "이때 전기자동차 구조·장치 변경 승인대상 자동차의 차령은 구조·장치 변경 승인신청일 현재 5년 미만이어야 한다"는 조항을 완전히 삭제하였고, 5년을 초과한 자동차의 개조를 허용하였습니다. 미세먼지의 심각성을 생각한다면, 환경부의 경유차 저감사업 중에 노후 경유자동차의 전기차 개조를 포함하여 보조금 지원도 함께 추진해야 한다고 생각합니다.

움직이는 에너지 저장장치

충전 후 주행거리가 300~400km가 되는 배터리 전기자동차BEV가 본격적으로 출시되는 2018년이 전기자동차가 국내의 자동차산업 전반이나 일상에 영향을 주는 원년이 될 듯합니다.

전기자동차는 자동차산업뿐만 아니라 전력업계에서도 '게임체인저'(결과나 흐름의 판도를 뒤바꿔 놓을 만한 중요한 역할을 한 사건)로 떠오르고 있습니다. 2차전지(배터리)를 이용해 전력을 저장하고 전기차에서 전력망으로 재판매V2G: Vehicle To Grid할 수 있게 되면서 중앙집중식 운영체제에서 분산형으로 에너지시장의 구조가 바뀔 것이라는 분석들이 많습니다. 전기차 보급이 계속됨에 따라서 전기차 충전용 전력수요는 늘겠지만, 전력요금이 비싼 때(피크타임)를 피하여 충전하고, 피크타임에는 상대적으로 싼 가격에 충전한 전력을 판매할 수 있기 때문입니다. 이렇게 되면 전력설비 활용률이 높아지고, 전력수요가 갑자기 몰려서 전력공급이 차단되는 블랙아웃이 발생할 가능성도 줄어드는 효과가 있습니다. 에너지를 저장하는 이동형 장치로서 전기자동차가 이용됨으로써 이를 전력망에 연결하여 쌍방향으로 전기를 주고받을 수 있게 됩니다. 또한 한 사회의 에너지 보유량이 늘어 안정적으로 전력을 공급하고, 효율적으로 전력의 생산과 보관, 배전이 가능해집니다.

전기자동차가 운송과 이동 수단뿐만 아니라 에너지 저장도구로 쓰인다는 이야기는, 2016년 4월에 전기자동차협회의 일원으로 일본 국토교통성을 방문했을 때 전기차 보급을 담당하는 공무원으로부터 들을 수 있었습니다. 당시 구마모토 현에 지진이 발생한 직후 일본에서 전기차를 구매하는 소비자들 중 일부는, 지진과 같이 자연재해가 생겨 전력공급이 끊겼을 때 자신과 가족이 일주일가량 생존하는 데 필요한 전기를 비축하기 위해 전기차를 구매한다는 것이었습니다. 또한 아파트와 같은 집단주거지에 설치하는 전기자동차 충전기는 화재진압을 위한 소방차나 식수공급을 위한 물탱크트럭 등이 출동할 때 전력을 연결하여 주민들 구호에도 유용하게 사용할 수 있었다고 하였습니다.

이런 양방향 충전을 가능하게 하는 부품들이 우리나라에서도 2017년 8월에 개발되었습니다. 현대차의 부품회사 현대모비스가 V2G 구현에 핵심적인 전기차 탑재형 양방향 충전기Bi-directional On Board Charger(이하 양방향 OBC)를 국내 최초로 개발했습니다. 양방향 OBC를 장착한 전기차는 '움직이는 에너지 저장장치'ESS, Energy Storage System로서의 기능도 수행할 수 있습니다.

V2G가 가능한 전기차 약 10만 대가 보급될 경우, 화력발전소 1기의 발전용량(500MW)에 준하는 전력을 확보할 것이라고 추정됩니다. 자동차는 실제 운행하는 시간보다, 주차 중인 시간이 더 많으니 주차 중에 전력망에 연결된 전기차는 ESS의 기능을 발휘할 수 있습니다. 현재 V2G는 일본, 덴마크, 미국, 중국 등에서 전기차제작사, 2차전지제작사, 전력회사 등이 함께 시범사업을 하며 실증모델을 만들고 있습니다. 멀지 않은 미래에 현실에 적용할 수 있을 것이라고 확신합니다.

사용 후 2차전지의 재활용

제가 꼭 하고 싶은 사업이 있습니다. 바로 전기자동차의 2차전지인 배터리 회수 및 재활용·재사용 사업입니다. 제가 '굿바이카폐차산업'을 2015년에 설립하여 운영하는 것은, 전기자동차를 폐차할 때 나오는 배터리를 수거하여 평가하고 분류하는 전처리업무를 잘하기 위해서입니다. 신제품의 생산과 유통과는 달리 재활용·재사용 사업의 핵심은 수집하고 선별하는 과정입니다. 현재 내연기관자동차에서 분리되는 납축배터리의 수집과 재활용·재사용은 활발히 이뤄지고 있으나, 하이브리드자동차와 전기자동차로부터 분리되는 '사용 후 2차전지'는 아직 시장이 형성되지도 않았고 배터리 수집망이 만들어지고 있지도 않습니다. 2차전지의 재활용·재사용 연구가 체계적으로 이뤄져야 하나 이 역시도 부족한데, 연구와 시장형성을 위해서라도 폐차과정에서 최대한 모을 필요가 있습니다.

경유차에 정부보조금을 받고 장착하는 배출가스 저감장치와 저공해엔진 부품은, 수출이나 폐차를 위한 말소를 하려면 정부에 반납해야 합니다. 2009년부터 정부가 의무적으로 회수한 부품 중 일부는 재활용하고 일부는 매각하였는데, 국세와 지방세로 세입 처리된 액수는 이미 500억을 넘었습니다.

모 국회의원과 협력하여 2013년 4월에 대기환경보전법 제

58조 5항을 의원입법으로 개정하였습니다. 핵심 내용은 정부 보조금을 받고 보급된 저공해자동차(하이브리드자동차, 전기자동차 등)가 폐차될 때, 배터리 등을 의무적으로 반납하도록 하는 겁니다. 환경부 협의 및 국회 환경노동위 법안 협의 과정에서, 배터리는 운행을 위해 필수적이니 전기차 수출말소의 경우에는 2차전지 반납을 하지 않도록 하고 '폐차 말소 시에만 반납'하도록 조정하였습니다. 저공해자동차에 장착하는 2차전지는 파쇄하여 니켈, 코발트 같은 물질을 추출하는 '재활용'보다 2차전지라는 제품 그 자체로 '재사용'하는 것이 더 유용합니다. 미국·일본·독일 등에서는 전기차제작사를 중심으로 이러한 연구들이 활발하게 진행되고 있습니다.

　법률이 개정됨에 따라 시행규칙도 개정해야 했습니다. 그러나 환경부는 법률이 개정되어 시행된 2013년부터 2015년까지 전기차와 충전기 보급에 집중해야 한다고 주장하면서 배터리 의무회수는 시기상조라고 미뤘고, 2015년 7월에 하위 시행규칙을 이상하게 개정하였습니다. 법률에서는 저공해자동차를 구입하거나 저공해자동차로 개조하기 위해 정부에서 경비를 지원받은 경우에 환경부령으로 정하는 배터리, 그밖의 장치·부품을 회수하도록 하고 하이브리드자동차 구입 시 정부의 경비 지원을 받은 경우에도 배터리 등을 반납하도록 하였는데, 시행규칙에서는 '전기자동차'로만 규정하여 배터리 등의 의무회수

대상 범위에서 하이브리드자동차를 제외하였습니다. 또한 전기자동차의 배터리만이라도 회수하려면 해당 자동차의 말소에 필요한 반납확인증상 반납품목에 배터리 등이 포함되도록 개정해야 하는데 개정하지 않았고, 시행규칙 개정에 필요한 의견청취도 하지 않았습니다.

하이브리드자동차는 조금씩 저변을 넓혀가고 있습니다. 일반 하이브리드자동차에 대당 백만 원과 플러그인 하이브리드자동차PHEV에 대당 5백만 원의 구매지원금을 지급했고, 2015년에 3만 대, 2016년에 3만 3천 대, 2017년에 5만 대의 차량이 판매되었습니다. 2018년에는 6만 대의 하이브리드자동차에 대하여 대당 50만 원의 보조금을, PHEV에 대해서는 2017년과 같이 대당 500만 원의 보조금을 지급할 예정입니다.

그런데 이렇게 2017년까지 정부가 구매지원금을 지급했던 11만 대의 하이브리드자동차를 배터리 등의 의무회수 대상에서 제외한 것입니다. 연간 300억에서 500억 원의 보조금을 지급한 하이브리드자동차가 폐차될 때 나오는 2차전지를 정책 차원에서 회수할 필요가 없을까요? 어떤 판단으로 '전기자동차의 2차전지'만 의무적으로 반납하도록 하고, 그것도 실행력이 없도록 시행규칙을 개정했을까요? 단순한 업무태만 또는 착오일까요? 이는 연간 수천, 수만 대씩 하이브리드자동차가 폐차되는 과정에서 회수할 수 있는 2차전지로 재활용·재사용 방안

전기자동차 증가에 따른 원자재 수요 증가 전망 (단위: kt)

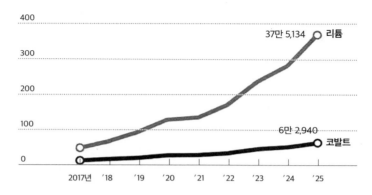

전기자동차가 2025년에 전 세계 자동차의 10%를 차지한다는 가정 아래 작성한 것임.
(자료 근거: 『이코노믹리뷰』 2017. 12. 13)

과 체계 구축, 기술연구, 설비개발 등을 할 수 있는 기회를 포기
한 것이며, 상위 법률의 개정취지를 무시한 것입니다.

전기자동차는 2018년부터 충전 후 300~400km를 주행할
수 있는 2세대가 보급됨에 따라서 판매가 크게 늘어날 것입
니다. 2025년경부터는 전기자동차 판매가 폭발적인 성장을 보
일 것이 예상됨에 따라 전기자동차 생산에 필요한 코발트, 리
튬, 구리 등의 원자재 국제 시세는 이미 급격히 오르고 있습
니다. 이러한 원자재를 전량 수입에 의존하는 우리나라로서는

사용이 끝난 2차전지의 재활용·재사용이 국가전략상 매우 중요합니다. 그런데도 2차전지의 수집을 당장 시작해야 하는 환경부는 적극적인 움직임을 보이지 않고 있습니다.

2

**'굿바이! 미세먼지'를 위한
조기폐차**

정부가 보조금을 주어 오래된 자동차의 폐차를 유도하는 정책은 신차 판매를 촉진하여 간접적인 방식으로 자동차산업을 지원하기도 합니다. 또한 온실가스를 줄여 기후변화를 억제하고 대기오염을 줄이는 데 기여할 뿐만 아니라, 교통정체를 해소하기 위한 목적으로도 미국, 독일, 영국, 중국, 이란 등의 국가에서 다양하게 시행되었습니다. 우리나라에서도 매년 예산과 물량을 늘려가고 있는 '조기폐차제도'는 무엇이고, 앞으로 개선해야 할 점들은 무엇인지 살펴보겠습니다.

조기폐차란 무엇인가?

조기폐차를 설명하려면 먼저 '폐차'의 정의를 아는 것이 필요한데, 폐차는 자동차를 자동차관리법에 따라 '등록 말소'하는 것을 말합니다. 이때 등록 말소란 자동차의 생산이나 수입 후 등록부터 말소까지 등록번호, 차대번호, 차명, 사용본거지, 자동차 소유자, 정기검사유효기간, 자동차저당에 관한 사항, 기타 공시가 필요한 사항 등을 기재한 자동차등록원부에서 해당 자동차의 등록을 없애는 것을 뜻합니다. 등록 말소가 되어야 자동차에 부과했던 세금납부나 자동차보험 가입의무가 중지됩니다. 폐차할 차량을 정식 등록된 폐차장인 자동차해체 재활용업소에 입고시키고, 폐차인수증을 받아서 자동차 소유자나 폐차장(대행)이 등록 말소를 신청합니다.

그렇다면 조기폐차를 권장하는 이유는 무엇일까요? 조기폐차는 정상적으로 가동되는 경유차에 정부보조금을 지급하여 더 일찍 폐차하도록 유도하여 미세먼지 배출을 줄이는 데 도움을 주는 정책입니다. 경유차가 오염물질을 많이 배출한다면 정부가 규제수단을 사용하여 강제적으로 폐차하면 되지, 왜 정부보조금까지 주면서 폐차를 유도하냐고 생각할 수도 있겠습니다. 지난 수십 년간 대기오염과 지구온난화가 심해지면서 신차의 연비와 배출기준이 강화되었습니다. 자동차가 생산되었을 때 적용된 기준과 자동차관리법, 대기환경보전법 등에 따른 기준에 적합하더라도 오래된 경유차는 온실가스와 미세먼지를 포함한 여러 유해물질을 배출하는 양이 신차에 비하여 많습니다. 그런데 최신 법이나 기준을 소급하여 적용할 수 없기 때문에, 신차보다 많은 온실가스와 유해 배출물질을 내뿜더라도 폐차하도록 강제할 수는 없습니다. 그래서 우리나라를 포함한 많은 나라에서 보조금을 지급하여 자동차 소유자가 자발적으로 폐차하도록 유도하고, 오염이 심한 도심지에서는 노후 경유차의 운행을 규제하는 방식을 취하고 있는 겁니다.

경유차는 미세먼지나 질소산화물 등의 오염물질을 배출하는 주요 오염원입니다. 경유차가 배출하는 오염물질을 줄이기 위한 정책을 우리나라는 십여 년 전부터 시행하고 있습니다. 2002년부터는 신차에 'EURO-3' 기준을 배출기준으로 적용하였고, 중고차에도 오염물질을 줄이기 위한 저감사업을 펼치고 있습니다. 수도권에서는 배출기준을 강화하여 특정 경유차의 배출허용기준을 정하여 검사 받도록 했고, 2005년 말까지 생산되어 수도권이나 비수도권 광역시에 등록된 경유차에 대해서는 매연저감장치DPF: Diesel Particulate Filter를 의무적으로 달거나 저공해엔진으로 개조하도록 권하고 있습니다. 또한 노후 경유차의 조기폐차를 유도하기 위해 폐차 시에는 보조금을 지급하고 있습니다. 보조금은 차종별로 상한액을 정하고 그 금액 범위 안에서 보험개발원이 책정한 자기차량보상금액의 100%(2016년까지는 85%였으나 2017년부터 조기폐차 촉진을 위하여 상향 조정함)를 지급합니다. 이에 더해 폐차할 때 폐차장에서 받는 차대비(폐차보상금, 고철비)를 합하면 차주가 받는 돈은 중고차로 팔아서 받는 가격 이상이 됩니다. 이런 식으로 차주가 중고차 매각보다는 조기폐차를 선택하도록 유도하는 것입니다.

환경부의 '2018년 수도권 보조금처리 업무지침'에 따라 2018년 수도권의 조기폐차 대상차량은 '2005년 12월 31일 이전 제작된 경유자동차'이면서 다음의 조건을 충족해야 합니다.

1. 대기관리권역에 '2년 이상 연속'하여 등록 (대기관리권역은 서울시와 인천시 전역과 경기도 28개 시군에 해당하는데 비수도권에서 조기폐차 보조금을 받기 위해 주소지를 이전하는 행위를 억제하기 위해)
2. '자동차관리법' 제43조의 제1항 1호에 따른 '관능검사 결과 적합판정'을 받은 자동차 (정상 가동되는 자동차에만 보조금을 지급하기 위해)
3. 서울특별시장 등 또는 절차대행자가 발급한 '조기폐차 대상차량 확인서'상 정상가동 판정이 있는 자동차 (정상 가동되는 자동차에만 보조금을 지급하기 위해)
4. 정부지원(일부 지원 포함)을 통해 '배출가스 저감장치를 부착하거나 저공해엔진으로 개조한 사실이 없는' 자동차 (같은 자동차에 미세먼지 배출을 줄이는 정부보조금을 겹쳐서 지원하지 않기 위해)
5. '최종 소유자의 소유기간이 6개월 이상'인 경유자동차 (조기폐차 보조금을 받기 위하여 타인의 자동차를 여러 대 사는 행위를 억제하기 위해)

정부가 시를 통해 지급하는 조기폐차 지원금은, 분기별로 보험개발원이 자동차보험 중 자기차량손해 가입 시 참조하기 위해 발표하는 '차량기준가액표'에서, 자동차별 기본형식마다 적시된 금액을 기준으로 상한액 이하로 지급되고 있습니다. 구분에서 무게는 자동차등록증에 명기된 총중량을 뜻합니다. 경유 승용차나 다목적자동차SUV, 승합차, 1톤 트럭 등은 모두 총중량 3.5톤 미만입니다.

조기폐차 지원금 상한액 및 지원율 (단위: 천 원)

구 분	2000년 12월 31일 이전에 제작된 차량		2001년 1월 1일 ~ 2005년 12월 31일 제작된 차량	
	상한액	지원율	상한액	지원율
3.5톤 미만	없음	100%	1,650	100%
3.5톤 이상 6,000cc 이하			4,400	
3.5톤 이상 6,000cc 초과			7,700	

클린디젤은 없다

2015년에 폭스바겐의 배출가스 조작사건으로 경유자동차가 휘발유나 가스를 연료로 사용하는 자동차보다 온실가스를 덜 배출하는 '클린디젤'이라는 주장은 세기적 사기인 것으로 드러났습니다. 경유차가 뜨거워지는 지구를 구해줄 거라던 홍보가 거짓으로 밝혀지자, 모든 혼란은 소비자인 국민이 떠안아야 했습니다.

우리나라도 이와 다르지 않습니다. 지난 10년 동안 중앙정부의 주요정책 중 경유자동차 정책만큼 국민들에게 혼란을 준 것이 또 있을까요? 1970년대 농촌을 근대화하기 위한 목적으로 친환경 전원주택인 초가지붕을 정부의 지원으로 슬레이트로 바꾸었던 새마을운동이 생각납니다. 슬레이트에 세계보건기구가 1급 발암군으로 지정한 석면이 10~15% 포함되어 있다는 것이 밝혀지자, 또 다시 정부가 지원하여 철거하고 있습니다. 농촌의 근대화를 상징했던 석면슬레이트 지붕이 현재는 건강과 생명을 해치기에, 다시 혈세를 투입하여 철거하는 이 어리석은 광경은 정부의 무지 때문이었습니다. 그러나 기름이 잘 빠져 야외에서 고기를 구울 때 즐겨 썼던 석면슬레이트처럼, 정부의 무지와 혼선의 대가는 결국 지난 30~40년간 고스란히 국민의 몫이었습니다.

경유자동차가 클린디젤 또는 친환경자동차라는 칭송을 받다가 미세먼지의 주요 발생원이라고 손가락질을 받기까지는 10년이 채 걸리지 않았습니다. 경유차에 대한 평가는 그것을 구입한 소비자 외에도 자동차제작, 부품제작, 자동차정비, 정유, 자동차보험, 운송 등 아주 많은 분야에 중요한 영향을 미치는 문제인데도 불과 10년도 안 되는 짧은 시간에 정반대의 평가를 받게 되었습니다. 피해와 혼란은 누구의 책임일까요? 이번에도 경유차를 구입한 사람들이 모든 책임과 피해를 떠안아야 할까요?

운행과정에서 인체나 환경에 해로운 물질을 배출하는 것이 경유자동차만의 문제는 아닙니다. 휘발유·가스를 연료로 사용하는 자동차도 문제입니다. 경유, 휘발유, 가스 등의 화석연료를 태워서 생기는 폭발력으로 작동하는 자동차는 모두 온실가스와 위해물질(미세먼지, 일산화탄소, 질산화탄소 등)을 배출합니다. 그런데 그중에서도 경유자동차에서 미세먼지와 질소산화물이 가장 많이 나옵니다.

수도권에서 경유를 연료로 사용하는 자동차와 건설기계의 초미세먼지 배출 기여도는 2차 생성까지 포함하면 51%에 달하며(2013년 통계), 서울시 대기에서 자동차와 건설기계의 농도 기여도는 52%(2011년 통계)입니다. 경유 배기가스의 위해성 기여도는 미국 캘리포니아에서 68%에 달합니다(2015년 연구). 이와 같이 인구 밀집지역인 대도시에서는 초미세먼지의 배출, 농도, 위해성의 측면에서 경유차와 건설기계의 배기가스 기여도가 가장 높기 때문에 다양한 대책이 필요합니다.(『굿바이! 미세먼지』 67~68쪽 참조)

유럽의 자동차 배기허용 기준인 EURO-6에 맞춰 생산한 경유자동차는 연비가 좋고 이산화탄소가 적게 나오니, 기후변화 대응 측면에서도 좋은 게 아니냐고 주장하는 분들이 아직도 많습니다. 2011년 UNEP(유엔환경계획)은 경유엔진 등에서 나오는 검댕이Black Carbon가 같은 양의 이산화탄소보다 온실효과가 더 크다고 발표하였습니다. EURO-6에 맞춰 생산한 경유자동차에서는 검댕이가 안 나온다고요? 제작차에서는 안 나오는 게 맞습니다만, 10년 후에도 그 상태가 유지될까요?

휘발유를 연료로 운행하는 중형 승용차의 신품 삼원촉매장치가 30만 원대이고, 경유가 연료인 동급의 다목적자동차SUV의 배출가스 저감장치(DPF 또는 CPF)는 200만 원대입니다. 이 삼원촉매장치와 배출가스 저감장치의 제품수명은, 주행조건과 운전자의 운전습관에 따라 다르나 보통 10년 안팎입니다. 이 두 장치는 수리할 때 일부 부품만 교체하는 것이 어렵기 때문에 망가지면 통째로 갈아야 합니다. 만약 10년이 된 SUV 디젤 2.0 중고차의 가격이 300만 원인데, 제품가격만 200만 원에 공임이 추가되는 배출가스 저감장치가 망가지면 어떻게 하시겠습니까? 배보다 더 큰 배꼽인 저감장치를 새로 구입하는 운전자는 거의 없을 겁니다. 이처럼 모든 문제를 개인에게만 돌리는 것이 적절할까요?

더 중요한 문제가 있습니다. 경유엔진에서 나오는 미세먼지(PM10, PM2.5)는 중금속이 더 많이 포함되어 있으면서도 크기가 아주 작아서 사람에게 훨씬 위험합니다. 그리고 발전소나 공장 바로 옆에 사는 사람보다 경유자동차를 운전하는 사람이 훨씬 많습니다. 국가가 클린디젤의 보급을 촉진한 결과 다른 차종에 비해 경유자동차가 최근 압도적으로 늘었고, 일상생활에서 영향을 받는 사람들도 많아졌습니다. 정책집행의 신속성과 효율성 측면에서 같은 예산을 투입할 경우, 발전소나 제조업체를 이전하거나 폐쇄하는 것이 나을까요, 아니면 노후 경유자동차를 조기폐차시키는 게 나을까요? 저라면 후자를 택할 것입니다.

2005년, 조기폐차 정책 시행되다

제가 조기폐차와 인연을 맺은 게 2005년이니 벌써 14년이나 되었습니다. 제가 중고엔진과 부품을 수출하기 위해 폐차장을 찾아다니기 시작한 게 1995년이고, 국내 최초로 인터넷 폐차대행서비스를 선보인 게 2000년입니다. 5년 후인 2005년에는 환경부의 노후 경유차 조기폐차 기사를 보고, 실행방안을 짜는 한국환경정책·평가연구원KEI에 연락해서 현장조사와 자문을 무료로 하겠다고 나섰습니다. 노후 경유차 조기폐차는 좋은 정책이니, 정책설계부터 돕고 싶었습니다.

조기폐차 정책이 시작되던 초기에는 여러 혼란이 있었습니다. 가장 큰 문제는 시민에게 조기폐차를 안내하고 접수를 받아야 하는 서울시, 인천시, 경기도 담당 공무원이 자동차 자체를 잘 모르는 데다 업무가 바쁘다 보니 친절한 안내조차 하지 못한다는 점이었습니다. 게다가 담당자가 업무에 익숙해질 만하면 다른 자리로 옮기고, 새로운 공무원이 투입되는 등 순환보직제도가 주는 어려움도 컸습니다. 조기폐차 업무는 담당 공무원 입장에서는 일은 많고 민원은 폭증하는데 업무 자체는 낯설어 기피하게 되었습니다.

그래서 저는 2005년에 이런 문제를 해결하기 위해 환경부에 기준을 정해 '조기폐차 절차대행자'를 선정하는 것이 어떠냐고 제안했습니다. 어렵고 낯선 조기폐차 업무를 전문업체에 대신 맡기라는 것이었습니다. 저희 회사와 수십 개의 폐차장이 대행자로 지정되었습니다. 그후에도 조기폐차 정책을 개선하기 위해 여러 노력을 했습니다. 조기폐차 안내와 접수, 검사대상 차량 검사 용역도 2016년 4월까지 6년간 했습니다.

2005년부터 조기폐차 보조금을 보험개발원이 발표하는 자차가액을 기준으로 삼자고 제안하여 현재까지 그 기준을 사용하고 있는데, 2005년에는 자차가액 반영률이 50%로 너무 낮아 조기폐차 신청이 목표의 1%에 머물렀습니다. 감사원이 2016년 5월에 발표한「감사보고서 — 수도권 대기환경 개선사업 추진실태」를 보면 2005~2010년 동안 집행된 조기폐차사업 추진실적은 예산기준으로 40.9%, 물량기준으로는 77.8%에 머물렀습니다. 조기폐차 보조금 관련 기고를 한 지 10년이 지난 2016년과 2017년에는 최악의 미세먼지가 한반도를 뒤덮었으나, 환경부의 대처는 여전히 미흡했습니다. 국회예산정책처를 포함한 연구기관들은 조기폐차 정책이 비용대비 미세먼지 저감효과가 가장 큰 수단이라고 주장합니다. 2005년부터 2014년까지 시행한 '1차 수도권 대기환경관리 기본계획'의 결과에서도, 자동차 배출가스 저감대책에서 가장 효과적인 수단은 조기폐차였습니다. 미세먼지 문제를 해결하기 위해서라도 조기폐차를 더욱 활성화하는 특단의 대책이 필요합니다.

조기폐차 지원 제도의 초기 변경

2005년부터 시작된 노후 경유차 조기폐차 지원제도는 시범사업이었음을 감안하더라도 실적이 저조했습니다. 2005년 7월부터 9월까지 3개월간, 목표였던 11,800대의 0.4%에 불과한 44대에 그쳤습니다. 저는 환경부에 조기폐차 지원율을 기존 50%에서 70% 이상으로 올리고 지원 대상 경유차의 연식도 낮출 것을 여러 번 건의했습니다. 지원율을 올리더라도 지원 대상 차량의 연식을 낮출 경우, 예산 범위에서 조기폐차하는 차량은 증가할 것이라고 주장했습니다. 1톤 트럭을 예로 들면, 2005년 7월 최초 시행했을 때엔 경유차의 연식을 '6년 이하'(99년식)로 했다가 10월 말부터 '7년 이하'(98년식)로 변경하였습니다. 그러나 1톤 트럭의 폐차 평균시기가 10년 이상인 현실을 감안하면, 8년(97년식)과 9년(96년식)도 포함시키는 것이 바람직합니다. 실제 8년과 9년을 포함시키면 1대당 조기폐차 지원금은 낮아지고, 지원율을 70%로 높여도 전체 예산총액은 늘지 않으므로 결국 지원 대상 차량 대수는 목표치보다 많아질 것이라고 생각했습니다. '좋은차닷컴'의 2005년 실적을 보면, 폐차시킨 1톤 트럭 330대의 평균 연식은 10.8년이었습니다. 2003년도에 처리한 전체 3,400대의 평균 연식이 10년이었는데, 2005년에 처리한 전체 2,800대의 평균 연식은 11.5년으로 폐차주기 혹은 차량수명이 조금씩 늘고 있습니다.

건설교통부의 1999년 통계에 따르면 평균 폐차주기가 7.6년이고 화물차는 7.59년이었습니다. 당시 IMF 경제위기에 따른 인위적 폐차를 감안하더라도 지난 6년간 평균 3년 이상 수명이 늘었고, 앞으로 폐차주기는 더 늘 것이라고 예상할 수 있습니다. 2007년 11월부터 환경부는 차령 10년 이상(1998년 포함, 이전 등록) 차량의 조기폐차에 더 집중하는 걸로 방침을 정하고, 차령 7~9년(1999~2001년식) 차량은 차령 10년과 같은 보조금을 지급하도록 하였습니다.

저는 노후 경유차에 대한 조기폐차 지원제도는 많은 장점이 있다고 생각합니다. 대기오염의 차원에서는 오염원을 조기에 제거할 수 있고, 자동차업계의 차원에선 신차 판매가 증가하며, 정부 입장에선 폐차 후 신차를 구매할 때마다 추가적인 세수를 확보할 수 있다는 점입니다. 조기폐차 지원제도를 활성화해야 하는 또 다른 이유는, 이 정책이 '배출가스 저감장치 부착사업'과 '저공해엔진 개조사업'의 성공을 이끌 수 있기 때문입니다. 2006년부터 수도권에서 정밀검사에 불합격한 경유자동차는 저감장치를 부착하거나 저공해엔진으로 개조하거나 혹은 폐차하는 방법 중 하나를 선택해야 했습니다. 이때 저감장치를 부착하거나 개조하기에 부적절한 차량에 대해 조기폐차 지원제도가 현실적이지 않다면, 폐차는 못하고 '억지로' 부착 혹은 개조할 가능성이 높았습니다. 제아무리 저감장치를 부착하거나 저공해엔진으로 개조하는 것이 장점이 많더라도, 차량의 상태에 상관없이 무리하게 감행할 경우에는 미세먼지를 줄이지도 못하거나 차주들의 반발로 인한 생각지도 못한 부작용이 우려되었습니다.

더욱이 예산의 50%를 지자체가 부담해야 하기 때문에 국고 예산을 배정하더라도, 부담을 느낀 지자체가 의회에서 예산을 삭감하거나 없앨 가능성도 있었습니다. 그래서 저는 2006년 조기폐차 정책이 걱정되었습니다. 2005년 인천에서 조기폐차 신청을 받고도 예산이 없어 실행하지 못하는 상황이 발생했는데, 시범사업이 아니라 '본 사업'이 시작되는 2006년에 이런 문제가 반복되지 않도록 반드시 해결되어야 했습니다. 그러나 조기폐차 지원율을 높이려던 계획은 기획예산처의 반대로 시행되지 않았으며, 2008년이 되어서야 80%의 지원율로 바뀌었습니다.

조기폐차와 자동차 재활용

일석이조, 일타쌍피라는 말이 있습니다. 2005년 이후 저는 '자동차 재활용'과 '조기폐차 정책'을 연계시키기 위해 노력했습니다. 노후 경유차 조기폐차 대책은 오염원을 제거한다는 점에서 비용대비 정책효과가 크다는 평가를 받았습니다. 게다가 배출가스 저감장치 부착이나 저공해엔진 개조를 하는 과정에서 대상 차량을 잘못 선정하거나, 부착 후 저감장치의 정기적 청소를 제대로 하지 않아 출력이 약하게 되는 등 숱한 문제가 드러나면서 조기폐차의 장점이 더욱 돋보였습니다.

조기폐차 정책의 적용 범위(차량)와 예산이 확대되는 동안, 자동차 재활용을 높이기 위해 생산자의 책임을 강화하는 '전기·전자제품 및 자동차의 자원순환에 관한 법률'이 제정되어 2008년 1월부터 시행되었습니다. 그런데 자동차는 폐차한 후에도 가치가 있기 때문에 이를 처분하여 이익을 얻는 폐차업자에게 재활용 책임이 있다는 주장이 자동차제작사로부터 나왔습니다. 폐차업자들은 거대기업인 자동차제작사가 자동차 재활용 시장에 개입하여 폐차업을 직접 운영하거나 폐차업체를 선별하는 식의 개입을 두려워하여 자동차제작사의 생산자 재활용 의무를 법제화하지 않는 것으로 타협하였습니다. 결국 폐차되는 자동차의 재활용이 제대로 되지 않더라도 누구도 책임지지 않는 이상한 법이 현재까지 유지되고 있는 상황입니다.

환경부 자원순환국에서는 재활용을 잘하는 폐차업자에게 보조금을 주는 등의 유인책을 제시하지 않았습니다. 자동차해체재활용업, 즉 폐차업의 근거 법은 자동차관리법인데 국토교통부(당시 국토해양부) 관할이기 때문에 감독 권한이 환경부에 있지 않았습니다. 저는 환경부 대기환경정책관(이전 대기보전국)이 매년 수백억 원을 들여 시행하는 경유차 조기폐차 대책을 자동차 재활용의 촉진 수단으로 쓰면 좋겠다고 판단하여, 국회와 환경부를 모두 접촉하며 '수도권 대기환경개선에 관한 특별법'에 근거조항을 두는 법 개정을 준비했습니다. 아쉽게도 환경부 자원순환국은 매우 소극적이었습니다. 같은 중앙부처에 속하지만 소관 국이나 과가 다르면 정책 연계나 업무 협조가 제대로 되지 않았습니다. 각자 자기 업무만 잘하면 실적으로 인정받는 체계의 한계이기도 했습니다.

2008년에 모 국회의원실과 협력하여 폐차의 재활용비율이 높은 폐차업자에게 조기폐차 자동차가 우선 배정되도록 법률에 명시하는 의원입법을 추진했습니다. 폐자동차의 재활용을 활성화시키기 위해서였습니다. 다행히 2008년 12월에 '수도권 대기환경개선에 관한 특별법' 일부 개정안을 발의하였고, 2009년 4월에는 국회 본회의에서 제27조(노후 차량의 조기폐차 지원 등) 3항 추가가 가결되었습니다.

그러나 이 조항은 2010년에 시행되기 시작하면서 폐차업계의 강한 반대에 부딪쳤습니다. 자동차 재활용비율을 높이 달성하는 자동차 폐차업자에게 조기폐차 자동차가 우선하여 배정될 경우 영업권이 훼손된다는 게 이유였습니다. 자동차해체 재활용협회(구 폐차협회)는 과천 정부종합청사 앞에서 생존권 차원의 반대 시위도 벌였습니다. 환경부에서는 결국 배정방식을 완화하는 방향으로 타협했고, 법률 취지대로 해야 한다는 저의 주장은 묻혔습니다.

제27조(노후 차량의 조기폐차 지원 등)

③ 서울특별시장 등은 제2항에 따른 경비를 지원하는 경우 경비지원에 필요한 절차를 대행하는 자를 지정할 수 있다. 다만, 서울특별시장 등이 지정하는 경우 '전기·전자제품 및 자동차의 자원순환에 관한 법률' 제25조 제1항에 따라 폐자동차 재활용비율을 높이 달성하는 자동차 폐차업자에게 환경부장관이 정하는 바에 따라 제2항에 따른 경비를 지원받는 자의 자동차 폐차가 우선하여 배정되도록 하여야 한다.

현재 이 조항은 조기폐차 처리를 원하는 수도권의 폐차업자를 전문업체로 지정하면서 재활용률을 비롯한 기준에 따라 4등급으로 분류하여 등급별로 보조금 배분금액을 달리하여 적용하고 있습니다. 재활용을 잘 할수록 보조금을 더 많이 배분하여 조기폐차를 유도하는 것입니다. 다만 아쉬운 건, 평가방식과 결과를 공개하지 않아 해당 폐차업체들이 부족한 점을 스스로 보완하여 재활용을 더 잘 하도록 유도하지 못한다는 것입니다. 폐차업계의 계속된 민원에 따라 2018년 상반기에 처음으로 개별 공개했지만, 여전히 무엇이 향상되거나 악화되었고, 어떤 부분을 개선하라는 상세한 안내는 없었습니다. 단순히 항목별 평가 점수만 통보 받아서 저희 입장에서는 무엇을 더 노력해야 하는지 알 수가 없었습니다. '굿바이카폐차산업'의 2018년 상반기 조기폐차 전문 폐차업자 현장평가 점수는 괜찮았지만, 아래 보이는 것처럼 '재활용결과' 부문의 평가가 낮아 결국 3등급을 받았습니다. 재활용결과가 왜 50점 만점에 16.975인지, 그 세부 평가의 기준과 결과를 정확히 알려주면 개선하기 위해 노력할 텐데 항목별 점수만 알려준 것이 너무 아쉽습니다. 제 나름대로 법을 바꾸고 하위 시행규칙이나 실행안을 제시하는 등 노력을 했지만 여전히 현실에 적용되는 작동방식들을 보면 아쉬운 점이 많습니다.

'굿바이카폐차산업'의 조기폐차 전문 폐차업자 평가결과표

계	현장평가 (33점)			재활용 분야 (57점)		법령위반 (10점)
	환경 분야 (13점)	시설 분야 (10점)	재활용 분야 (10점)	재활용 결과 (50점)	적정 재활용 (7점)	
(미통보)	8.8점	8.6점	9.2점	16.975점	6.5점	(미통보)

(평가 시기: 2017년 12월)

환경부의 헛발질

2014년에 노후 경유자동차 소유주들의 조기폐차 지원제도에 대한 호응이 높아 경기도 여러 지자체에선 접수가 일찍 마감되었습니다. 서울시나 인천시는 상대적으로 예산이 넉넉한 편이지만 경기도 24개 시(2016년 4월부터 기존 24개 시에 4개 시가 추가) 중에는 배정된 예산이 적은 곳이 많아, "올해 예산이 소진되었으니 내년에 다시 신청하라"는 답변을 들어야 했습니다.

2014년 12월에는 예산이 가장 넉넉한 서울시도 경유차 저공해사업 예산이 소진되어, 조기폐차 신청자들을 돌려보내야 했습니다. 그런데 12월 말 폐차장에 "조기폐차 대상차량 기준을 다시 조정할 것이기 때문에 지원사업을 잠시 중단하겠다"는 내용의 연락이 왔습니다. 오염물질을 더 많이 배출하는 노후 경유차부터 먼저 폐차하라는 감사원의 지적이 그 이유였습니다.

물론 조기폐차 대상차량 기준을 상황에 따라 조정하는 것은 필요합니다. 그렇지만 사전에 통보를 해서 신청자나 폐차업자가 이에 대처할 수 있도록 해야 하지 않았을까요? 폐차장 입장에서는 1월 초부터 조기폐차 업무를 시작하기에 조기폐차 차량을 확보하기 위해 미리 접수를 받는 게 중요한데, 마른 하늘에 날벼락이 떨어진 것과 다름없었습니다. 자동차 소유자 입장에서도 폐차가 늦어질수록 자동차세와 보험료를 더 내야 하는 상황이었습니다. 결국 조기폐차 업무는 한 달 반이나 보류되어, 2015년 2월 중순에야 재개되었습니다. 조기폐차 대상차량 기준은 '자동차 연식이 14년 이상에 해당하는 2000년 12월 말까지 등록된 경유차'로 바뀌었습니다. 차량기준이 바뀌는 과정에서 전문가간담회나 공청회는 한 번도 없었습니다.

2015년 연두 업무보고에서 환경부는 조기폐차를 확대한다고 보고했지만, 조기폐차 실적은 오히려 급감했습니다. 2015년 2월 중순부터 5월 말까지 매월 3천 대씩 조기폐차 접수를 받곤 했는데, 1천 대 미만으로 줄어든 것입니다. 조기폐차 신청이 저조하자 환경부는 2015년 6월에, 2002년 6월 말까지 생산된 경유차(배출허용 기준 EURO-2)로 대상을 확대했습니다. 그해 8월에는 2005년 12월 말까지 생산된 경유차(배출허용 기준 EURO-3)로 다시 기준을 완화하였습니다. 결국 2014년 조기폐차 대상 기준이었던 '차령 7년 이상'과 거의 비슷한 수준으로 돌아간 것입니다. 7개월간 혼란만 있었을 뿐 바뀐 건 없었고, 여기에 대해 사과하거나 문책을 받은 이는 없었습니다.

결국 환경부는 2015년에, 조기폐차 대상 경유차의 연식에 대해 등록기준으로 2000년 12월 이전(2월) → 2002년 6월 이전(6월) → 2005년 12월 이전(8월)으로 세 번에 걸쳐 변경했습니다. 조기폐차 대상이 아니어서 일반 폐차해야 했던 차주들은 정부의 일관성 없는 행보에 거세게 항의하였습니다. 2015년

5월에 2001년 경유차를 일반 폐차하여 겨우 몇십만 원의 고철비만 받은 차주가, 한 달을 기다려 조기폐차했다면, 약 백만 원의 조기폐차 보상금을 받을 수 있었기 때문입니다.

특별대책보다 중요한 예산 확보

2016년 6월 미세먼지특별대책을 발표한 이후 윤성규 환경부장관이 이를 홍보하기 위해 각종 언론과 인터뷰를 하고 기고도 했습니다. 6월 10일에는 언론에 '미세먼지관리 특별대책의 후속과제'라는 제목의 기고문을 실었는데, "특별대책은 과거와 비교할 때 입안과정과 내용에 차이"가 있으며, 목표는 "2005년 이전 출시된 노후 경유차를 2019년까지 조기폐차 완료"하는 것이라고 설명했습니다. 이는 특별대책 발표 당시 "노후 경유차의 저공해화사업은 비용효과가 큰 조기폐차사업을 확대하여 2005년 이전 차량의 조기폐차를 2019년까지 완료한다"는 내용을 반복한 것에 불과합니다.

여기서 의문이 생깁니다. 어떤 점에서 특별하다는 것일까요? 2013년 12월에 발표한 '2차 수도권 대기환경관리 기본계획'에는 2016년부터 2019년까지 매년 3만 8천 대씩, 총 15만 2천 대를 조기폐차하겠다는 계획을 세운 바 있습니다. 특별대책에서는 이보다 40% 더 많은 21만 대를 목표로 내놓았는데 목표를 증가한 것이 특별하다는 것이었을까요? 조기폐차 대상인 노후 경유자동차의 전체 등록 대수가 200만 대 이상인데, 3년간 '특별하게' 21만 대를 조기폐차한다는 계획을 과연 특별하다고 할 수 있을까요? 감사원은 2016년 5월에 발표한 보고서 「수도권 대기환경 개선사업 추진실태」에서 "조기폐차는 저감장치를 부착해서 미세먼지를 줄이는 것과 비교하면, 비용이 900분의 1밖에 들지 않는다"고 설명하면서 저감장치를 부착하는 것보다 조기폐차를 하는 것이 효율적이라고 강조했습니다. 이런 효율성을 감안하면, 목표를 40%만 증가한 것은 충분하지 않습니다.

제가 지적한 이 문제는 정부가 2017년 9월 26일에 12개 부처 합동으로 발표한 '미세먼지 종합관리 대책'을 통해 개선되었습니다. 정부는 전체 경유차(927만 대)의 31%(286만 대)인 노후차가 경유차 공해물질 배출량의 57%를 차지하기 때문에, "노후 경유차(2005년 이전)의 저공해화를 확대하고 이를 위해 조기폐차 지원물량을 대폭 확대(2017년 8만 대 → 2018년 이후 연평균 16만 대)하고, 노후 화물차 조기폐차 활성화를 위한 보조금 지급 대상을 개선하여 인센티브를 추진하겠다"고 발표했습니다. 2016년 특별대책에 비해 목표를 2.6배나 높인 것이었습니다. 물론 이 목표 역시 전체 노후 경유차가 286만 대라는 상황을 감안하면 여전히 부족합니다.

정부정책에서 목표를 높였다 해도 막상 예산 조정 과정에서 실제 목표는 다시 바뀔 수 있습니다. '2차 수도권 대기환경관리 기본계획'의 2016년 조기폐차 목표 대수는 3만 8천 대였습니다. 그러나 예산 편성 과정에서 목표의 93%인 35,486대로 줄었습니다. 이는 문재인 정부에서도 반복되었습니다. 2017년 12월에 확정된 2018년 조기폐차 예산은 정부가 계획했던 16만 대가 아니라 11만 6,000대로 대폭 줄었습니다. 미세먼지 감축을 국정 주요과제로 설정한 문재인 정부조차 예산을 확보하는 것이 어려워, 계획 대비 72.5%에 그친 것입니다.

문제는 여기서 끝나지 않습니다. 충분한 예산이 편성되어도 노후 경유차 소유주가 조기폐차를 하도록 유도하는 것이 중요합니다. 2015년 2월과 6월, 8월에 각각 환경부는 조기폐차 세부지침을 개정하여 "2000년까지 생산된 경유차는 자차가액의 100%를 상한액 없이, 2002년 6월까지 생산된 차량 총중량 3.5톤 미만의 경유차는 자차가액의 85%를 165만 원 상한액까지, 2005년 말까지 생산된 경유차는 자차가액의 85%를 150만 원 상한액까지 보조금을 지급한다"고 발표했습니다. 2014년까지는 150만 원 상한에 85%를 지급하였으니, 2002년 6월 이전 생산 차량에 대해서는 2015년에 이미 보조금을 인상한 셈입니다. 그런데 2002년 7월부터 2005년까지 생산된 소형경유차의 자차가액은 대부분 150만 원이 넘습니다. 다시 말해 자차가액보다는 상한액을 높여야 차량 소유주들의 참여를 늘릴 수 있습니다. 더구나 조기폐차는 대당 미세먼지 배출량이 상대적으로 적은 경유승용차(RV 포함), 소형 트럭과 승합차 위주로 이뤄져 왔으며, 경유자동차 중 미세먼지 배출량의 3분의 2 이상을 차지하는 중대형 화물트럭은 드물게 이뤄지고 있습니다. 이제까지 폐차하지 않던 노후 경유차 소유주들에게 보조금을 각각 15만 원(3.5톤 미만), 40만 원(3.5톤 이상 6,000cc 이하), 70만 원(3.5톤 이상 6,000cc 이상)으로 인상한다면, 흔쾌히 조기폐차를 할까요? 환경부가 아무리 지자체에 노후 중대형 트럭 위주로 조기폐차를 유도하라고 요구해도, 중대형 트럭의 조기폐차 보조금 지급 상한선이 소폭으로 올라가는 현실에서, 그렇게 많지 않을 것입니다. 결국 '2018년 조기폐차 대책'에서도 이 상한액은 그대로 유지되었습니다. 중대형 화물트럭의 조기폐차를 활성화하기 위해 상한액을 대폭 올려야 합니다.

조례개정이 시급하다

'경유자동차 저공해 촉진 및 지원에 관한 조례'가 수도권의 많은 지자체에서 채택되어 시행되고 있는데, 조기폐차 관련 조항을 보면 의아한 부분이 많습니다. 현재 시행 중인 경기도 산하 17개 시와 인천시의 조례에는 차령 15년 이상인 자동차에 조기폐차를 권유하는 조항이 있습니다.

제4조(저공해 조치 명령)

① 00시장은 (이하 '시장'이라 한다) 저공해 조치 의무대상 자동차의 소유자에게 다음 각 호의 어느 하나에 해당하는 조치를 명할 수 있다.

1. 배출가스 저감장치의 부착

2. 저공해엔진으로의 개조 또는 교체

② 제1항에도 불구하고 자동차 노후 등으로 저공해 조치가 현실적으로 곤란한 아래 각 호의 경우에는 조기에 폐차할 것을 권고할 수 있다.

1. 차령이 15년 이상인 자동차

2. 시장이 저감장치 부착, 저공해엔진 개조에 따른 의무운행 기간 준수 및 사후관리 등이 곤란하다고 판단하는 차량 내용

지자체장이 차령 15년 이상 자동차에 대해 조기폐차를 권고할 수 있다는 조항과 환경부가 조기폐차 대상으로 규정한 '2005년 말까지 등록된 경유차'는 동일하지 않습니다. 저는 이 문제는 환경부가 2015년에 조기폐차 대상을 '2000년 12월 말까지 등록된 경유차'로 제한하였다가 조기폐차 신청건수가 너

무 적어서 변경하였음에도, 현재까지 관련 조례의 조항을 개정
하지 않아 생긴 것이라고 생각합니다. 어떤 이유든 이름과 내용
이 거의 같은 '경유자동차 저공해 촉진 및 지원에 관한 조례'에
서 인천시와 경기도 산하 17개 시(남양주, 하남, 의정부, 의왕, 군포,
과천, 구리, 광명, 시흥, 고양, 안양, 양주, 수원, 안산, 부천, 김포, 성남)가
모두 현실과 맞지 않은 조항을 몇 년째 유지하고 있다는 것이야
말로, 미세먼지 대책이 얼마나 부족한지를 보여주고 있다고 생
각합니다.

폐차장 방문검사 필요없다

환경부는 2017년에 '수도권 대기환경개선에 관한 특별법'
시행규칙 제37조(노후 차량의 조기폐차 지원 등) 1항 2호를 수정하
여, 조기폐차 보조금을 지급받을 수 있는 노후 경유차의 요건을
'정밀검사 적합판정을 받은 자동차'에서 '종합검사 중 관능검사
적합판정'으로 바꾸었습니다. 이는 2016년 국정감사 중 환경노
동위원회 소속 신창현 의원이 배출가스 기준초과 차량 소유자
가 지원금을 받기 위해 수리를 거치는 것에 대해, "폐차할 차에
수리비를 들이는 것은 이중부담이자 전형적인 탁상행정"이라
고 지적했고, 조경규 환경부장관이 "제도 도입 초기에는 도덕

적 해이를 막기 위해 기준초과 경유차를 배제했다"며 "대기오
염물질을 줄이는 쪽으로 목표를 맞춰 기준초과 차량도 조기폐
차 대상에 포함시키도록 규정을 개정하겠다"고 밝혔기 때문입
니다.

현재 수도권에서 노후 경유차 조기폐차는 자동차 소유주가
신청하면 요건에 맞는지 확인하고, 자동차환경협회의 검사원
이 조기폐차 전문 폐차장(자동차해체 재활용업자)을 방문하여 자
동차를 육안으로 검사하고 사진을 찍는 과정을 거칩니다. 조
기폐차 대상차량 확인서가 발부되면 자동차 소유주는 '조기폐
차 대상차량 확인 점검 수수료'인 29,700원(부가세 포함)을 자동
차환경협회에 납부해야 하지만, 현실에선 폐차업자가 자동차
소유주에게 지급하는 고철비에서 차감해 대신 납부하고 있습
니다.

그런데 이 방문검사의 근거는 어디에도 없습니다. 노후 경유
차 조기폐차의 근거법인 '수도권 대기환경개선에 관한 특별법'
과 하위법령이나 규칙 어디에서도 찾아볼 수 없습니다. 굳이 찾
자면 환경부의 '특정 경유자동차 검사 사후조치 및 보조금 지
급 등에 관한 규정'에서 보조금 지급대상 요건 중 하나가 '서울
특별시장 등 또는 절차대행자가 발급한 조기폐차 대상차량 확
인서'인데, 이 확인서에는 절차대행자의 방문검사에 대한 상세
한 내용이 없습니다. 단지 대상자동차 검사의 각종 항목과 첨

부물로 사진 4매(전·후·좌·우면)가 언급되어 있을 뿐입니다. 서울특별시장 등이 지정한 절차대행자에 불과한 환경부 산하 자동차환경협회가 현재 어떠한 근거도 없이 검사하고 있는 것입니다. 이는 2010년부터 시행되었는데 그전부터 조기폐차 대상 차량의 적합성을 판정하기 위해 제출하는 '자동차 성능기록부'가 허위로 작성되는 사례가 다수 발견되었습니다. 실제로 고장이나 사고로 가동되지 않은 자동차에도 조기폐차를 위한 정부 보조금을 지급한 잘못된 사례가 많아 개선이 요구된 것입니다. 그 결과 조기폐차 보조금 지급의 적정성을 판단하기 위해 검사원이 직접 자동차를 검사하는 방식으로 바뀐 것입니다.

그렇다면 확인서에 기재된 검사는 제대로 되고 있을까요? 별다른 검사장비 없이 폐차장을 방문하는 검사원이 '원동기의 가동여부' 정도는 시동을 걸어보면 알 수 있겠지만, '동력전달 장치, 조향, 제동, 전기, 그 외 주요부품의 양호 여부'를 제대로 판단하기는 어렵습니다. 확인서 자체가 형식적으로 작성되어 왔고 방문검사로는 이 항목들을 제대로 살필 수 없기 때문에, 불필요한 확인서 자체를 없애거나 항목을 대폭 줄여야 합니다. 검사비용이 비쌀 뿐만 아니라 검사원이 폐차장을 방문하여 검사할 때까지 기다려야 하는 것도 문제입니다.

종합검사 중 관능검사 적합판정을 조기폐차 적합기준으로 하는 환경부의 시행규칙에 따라, 폐차장을 방문하여 자동차를

확인번호	조기폐차 대상차량 확인서			

소유자	성 명		주민등록번호	
	주 소			
	전화번호		FAX	

신청 자동차	차량번호		차대번호	
	차 종	□ 연식 ( )년 □ 배기량 ( )CC		
		정원(승합): 명		
		중량(화물): □ 적재중량 ( )톤 □ 총중량 ( )톤		

점검 결과	원동기	□ 가동됨	□ 가동 안 됨
	동력전달장치 (변속기 포함)	□ 양호	□ 불량
	조 향	□ 양호	□ 불량
	제 동	□ 양호	□ 불량
	전 기	□ 양호	□ 불량
	그 외 주요부품	□ 양호	□ 불량 (해당 부품명:)
	첨부물	사진 4매 (전·후·좌·우면)	

판정 결과	정상 가동 여부	□ 가	□ 부
	불가 사유		

위와 같이 조기폐차 대상(정상가동) 여부를 확인합니다.

년 월 일

확인자 : (인)

절차대행자 : **(인)**

육안으로 검사하고 사진을 찍는 행위는 더더욱 불필요해졌습니다. 첫 번째로, 관능검사를 포함한 종합검사는 지정된 검사장에서 장비를 통해 이뤄지는데, 관능검사만 별도로 하지 않는 종합검사의 특성상 관능검사 적합판정을 받은 자동차란 종합검사 적합판정을 받은 자동차를 뜻하기에 별도로 방문검사를 하지 않아도 됩니다. 종합검사절차를 보면 '배출가스 검사 → ABS 검사 → 하체 검사 → 전조등 검사'의 기능검사를 전문장비로 마친 다음 관능검사를 하고 있습니다. 이 종합검사의 결과로 발행되는 자동차종합검사 결과표에서 '부적합판정'을 받으면 소유주는 자동차를 수리하여 적합판정을 받아야 하며, 그렇지 않으면 과태료처분과 자동차등록판 영치와 같은 처벌을 받게 됩니다. 즉, 관능검사에서 적합판정을 받은 자동차는 종합검사의 모든 항목에서 적합판정을 받았다고 볼 수 있습니다.

두 번째로, 2016년 7월부터 자동차관리법 시행규칙 제143조(폐차인수증명서 등) 3항이 개정됨에 따라 폐차장에 자동차가 입고될 때 앞뒤 전체 사진을 찍어 전송하고 있기 때문에 방문검사는 필요가 없습니다. 전체 사진을 허위로 찍으면 해당 폐차장은 처벌을 받게 되므로 법적인 근거가 없는 검사원의 사진보다 공신력이 있으며, 국토교통부가 지정한 전산망을 연결하여 전송된 사진을 판독하면 폐차장에 입고 시 자동차의 기본 상태를 알 수 있습니다. 두 번씩 사진을 찍을 필요가 없는 것입니다. 이런 중복규제를 줄이는 게 진정한 의미의 규제철폐가 아닐까요? 환경부는 방문검사를 폐지하거나 절차를 간소화해야 합니다. 이를 통해 조기폐차를 신청한 자동차 소유주의 비용부담을 덜고 방문검사를 몇 주씩 기다리는 문제를 해결할 수 있다면 노후 경유차 조기폐차가 더욱 늘어날 것입니다.

더구나 수도권의 폐차장 방문검사를 폐지하고 자동차관리법상 전국의 폐차장이 전송된 사진을 통한 검사를 활용한다면, 노후 경유차 조기폐차 지원제도의 검사방식을 전국 단위로 통일할 수 있다는 장점도 있습니다. 조기폐차를 실시하는 지자체가 늘고 있는 상황에서 동일한 검사방식이 필요합니다. 현재 수도권에 등록된 경유자동차의 조기폐차는 검사원이 폐차장을 방문하여 검사하고, 비수도권은 방문검사 없이 지자체마다 다른 방식으로 행해지고 있습니다. 자동차환경협회 검사원의 방문검사 폐지 여부는 미세먼지 저감을 위한 환경부의 의지를 살펴볼 수 있는 중요한 척도입니다.

조기폐차, 노후 휘발유·LPG 차량까지

휘발유나 가스를 연료로 하는 승용차도 질소산화물과 초미세먼지를 배출합니다. 차량의 질소산화물 실내 인증기준을 보면, 1999년 말까지는 0.40g/km, 2002년 6월 말까지는 0.25g/km인데 이는 현행 'EURO-6' 경유차 배출허용기준인 0.08g/km에 비해 3~5배나 많습니다. 2002년 6월 말 이전에 생산된 15년 이상 된 노후 휘발유·가스 승용차는 전체의 8%를 차지합니다. 결코 적다고 말할 수 없습니다. 경유차의 배출가스 저감장치와 비슷한 기능을 하는 삼원촉매장치가 노후 휘발유·가스 차량에서 성능을 발휘하지 못하는 것을 감안하면 조기폐차의 대상을 더욱 확대해야 합니다.

국립환경과학원에서는 '1998년식 소형 RV'가 서울에서 평균 22.9km로 주행할 때 배출하는 오염물질을 조사했는데, 탄화수소HC의 경우 휘발유차(0.15g/km)가 경유차(0.07g/km)에 비해 2배 정도 많이 배출했고, 질소산화물NOx은 반대로 경유차(0.90g/km)가 휘발유차(0.36g/km)보다 약 3배 배출했습니다. 이 연구를 통해 노후 휘발유·가스 차량도 경유차만큼이나 오염물질을 많이 배출하며, 특히 초미세먼지를 배출한다는 점에서 미세먼지 저감정책에서 결코 예외로 둘 순 없습니다.

환경부는 조기폐차 대상을 경유차로만 국한시키지 않기 위해 관련 법 조항(대기환경보전법 제58조 저공해자동차의 운행 등 ① 항)을 2009년에 개정하여 '경유를 연료로 하는 자동차'에서 '자동차'로 확대했습니다. 그러나 2008년 기준으로 차령 12년 이상 된 휘발유·가스 차량(300만 대)의 2%인 6만 대를 조기폐차하려 했으나, 예산을 확보하지 못해 사업을 진행하지 못했습니다.

사실 환경부가 오래된 휘발유·가스 자동차의 NOx를 저감하기 위해 추진한 사업은 조기폐차가 아니라 '노후 삼원촉매장치 교체지원사업'이었습니다. 2015년부터 2024년까지 총 2,905억 원을 투입하여 매년 8만 3천 대(총 83만 대)를 목표로 하였으며, '제2차 수도권 대기환경관리 기본계획'에 신규 사업으로 반영하였습니다. 그런데 삼원촉매장치는 자동차제작사의 품질보증기간(최대 10년 또는 주행거리 192,000km)이 지나도 NOx 저감성능이 크게 훼손되지 않고, 불합격 판정을 받더라도 간단한 정비로 배출허용기준을 충족시킬 수 있어 교체지원사업 자체에 의문이 제기되었습니다. 감사원의 "삼원촉매장치 교체지원사업의 대상물량과 투자비가 과다 산정되었다"는 지적에 따라 환경부는 계획했던 목표 83만 대를 10% 수준인 8만 2천 대로 줄였습니다. 그러나 그마저도 적극적으로 수행하지 않고 있습니다.

2030년에서 2040년 사이 내연기관자동차의 생산과 판매를 금지하겠다는 선언이 여러 선진국에서 나오고 있는 상황에서, 조기폐차 대상을 경유차에만 국한하지 말고 '모든 오래된 내연기관자동차'로 확대해야 합니다.

대상지역을 확대하자

조기폐차 대상지역이 수도권(서울, 인천, 경기도)에서 전국으로 확대되고 있지만, 대부분의 비수도권은 조기폐차 대상수량을 적게 배정 받습니다. 노후 경유차를 조기폐차하려 했던 시민의 입장에선 겨우 몇 시간 만에 접수가 끝나서 다시 1년을 기다려야 하는 상황입니다. 그러므로 대상지역도 확대하고, 특히 비수도권의 조기폐차 수량을 더욱 늘려야 합니다. 또한 국고와 지방비를 5 대 5로 하는 현행 방식에서 7 대 3이나 8 대 2와 같이 국고지원 비율을 더 올려서 정책의 실효성을 높여야 합니다. 지방자치단체들은 대개 재정자립도가 낮아 예산을 확보하지 못해 정책을 시행할 수 없거나, 하더라도 매우 적은 수만을 지원하고 있습니다.

미세먼지는 이제 수도권만의 문제가 아니라 전국의 문제입니다. 미세먼지를 줄이기 위해 조기폐차 정책을 전국으로 확대해야 합니다. 자체 예산이 부족한 지방자치단체의 재정문제를 감안하여 국고 부담도 올려야 합니다. 2017년도 기준으로 친환경자동차인 하이브리드자동차 구매 시 대당 100만 원, 전기자동차 구매 시 대당 1,400만 원을 전액 국고로 지원했다는 점에서 이러한 조정은 결코 불가능하지 않습니다.

건설기계 조기폐차, 더 이상 미룰 수 없다

환경부가 2013년 12월에 발표한 '2차 수도권 대기환경관리 기본계획'의 주요사업 중 하나는 '건설기계 저공해화 및 관리체계 구축'이었습니다. 2015년부터 2019년까지 매년 3,000대를 저공해화하는 것과 500대를 조기폐차한다는 목표를 세웠으나, 구체적인 실행방안은 마련하지 않았습니다. 2017년 5월에 발표한 '2차 기본계획 변경계획'에서는 조기폐차는 아예 제외하고 'DPF부착과 엔진교체' 두 가지 사업만 언급했습니다. 결국 저공해화사업은 매년 3,000대라는 애초의 계획에서 2017년 214대, 2018년 650대, 2019년과 2020년 1,450대로 축소되었습니다.

감사원은 2008년 1월 발표된 처분요구서 「경유자동차 배출가스 저감사업 추진실태」에서 "2001년을 기준으로 수도권 지역의 트럭을 제외한 건설기계는 전체 경유차의 2.8%에 불과하나, 미세먼지 배출량의 13.9%를 차지하고 있으므로 이에 대한 저감대책이 시급하다"고 지적했습니다. 이로부터 9년이 지난 2017년에도 환경부는 실질적인 건설기계 저공해화 사업을 하지 못하고 있습니다. 기본계획에서 잡은 연간 3,000대의 물량도 경유차에 비하면 매우 적은 숫자인데, 이마저도 더 줄었습니다.

건설기계는 건설기계관리법상 총 27종이 지정되어 있는데, 불도저, 굴삭기, 로더, 스크레이퍼, 롤러와 같이 일반도로를 주행하지 않는 종류도 있지만, 덤프트럭, 콘크리트믹서트럭, 콘크리트펌프트럭, 지게차, 기중기와 같이 일반도로를 주행하는 차량도 있습니다. 대기환경보전법 제2조 13항에서 자동차의 정의에 "건설기계 중 주행특성이 자동차와 유사한 것으로 환경부령이 정하는 것도 해당한다"고 했는데, 이 법 시행규칙 제7조와 별표5에서 화물자동차에 3종의 건설기계(덤프트럭, 콘크리트믹서트럭, 콘크리트펌프트럭)가 포함되었습니다. 이들 3종의 건설기계는 외관이나 도로운행 특성이 화물자동차와 거의 같습니다. 또한 2008년 말까지 등록된 건설기계 중 환경부 장관이 고시하는 건설기계는 자동차에 포함된다고 하였습니다. 도심이나 주택가의 각종 공사장에서 자주 보이는 바퀴형 굴삭기나 크고 작은 창고에서 늘 보이는 경유엔진 장착 지게차는 저공해조치 명령을 내릴 수 있게 자동차에 포함되도록 환경부가 관련 법규를 개정하는 게 좋겠습니다.

대기환경보전법에 따라 자동차형 3종인 '덤프트럭, 콘크리트믹서트럭, 콘크리트펌프트럭'은 화물자동차 배출기준을 적용해 관리하고 있지만 전체 건설기계의 36%를 차지하는 지게차와 32%의 굴삭기는 이런 기준조차 마련돼 있지 않습니다. 비도로형 건설기계는 대부분 현장에서 정기검사를 하고 있지만 형식적인 육안검사라는 점이 문제입니다. 이 때문에 2004년 건설기계의 정기검사가 시작된 이후 지금까지 부적합판정을 받은 사례가 단 한 건도 없습니다.

자동차에 대해 대기환경보전법 제58조 제1항에 근거하여 "특별시장·광역시장·특별자치시장·특별자치도지사·시장·군수는 조례에 따라 해당 소유자에게 저공해자동차로의 전환 또는 개조, 배출가스 저감장치의 부착 또는 교체, 저공해엔진으로의 개조 또는 교체의 조치를 명령하거나 조기에 폐차하도록 권유"할 수 있으니, 자동차로 분류되는 건설기계에 대해서도 같은 조치를 할 수 있습니다. 그러나 2017년도 '운행경유차 배출가스 저감사업 보조금 업무처리지침'의 '2017년도 시·도별 사업량 및 국비 지원내역'을 보면 건설기계 DPF 장착 34대와 엔진교체 230대에만 국고예산이 잡혀 있다는 것을 알 수 있습니다. 전국의 노후 건설기계가 10만 대 이상인데 지원이 너무 적습니다.

2018년 2월 5일 환경부가 공개한 '저감사업별 저공해조치 계획 및 물량'을 보면 노후 건설기계 등 대형차에 대한 저공해조치는 여전히 미미합니다. 2018년 노후 건설기계 등 대형차의 저공해조치 계획물량이 2017년에 비해 2,500대에서 6,500대로 늘었으나, 노후 경유차 저공해조치 물량 131,500대에 비해 너무 적으며 조기폐차는 아예 빠졌습니다.

2017년도 시·도별 사업량 및 국비 지원내역 (단위 : 대, 백만 원)

구분	계		DPF·pDPF		PM·NOx 동시저감		건설기계DPF		건설기계 엔진교체	
	물량	국비	물량	국비	물량	국비	물량	국비	물량	국비
계	15,317	24,557	14,993	22,212	60	450	34	170	230	1,725
서울	6,785	10,576	6,693	9,916	20	150	12	60	60	450
인천	2,391	4,062	2,300	3,407	20	150	11	55	60	450
경기	4,791	7,618	4,700	6,963	20	150	11	55	60	450
부산	400	593	400	593	-	-	-	-	-	-
울산	200	296	200	296	-	-	-	-	-	-
광주	100	148	100	148	-	-	-	-	-	-
대전	200	296	200	296	-	-	-	-	-	-
대구	450	968	400	593	-	-	-	-	50	375

저감사업별 저공해조치 계획 및 물량 (단위 : 억 원, 만 대)

구분		2017년		2018년		증감 (비율)	
		예산	물량	예산	물량	예산	물량
계		1,082	10.2	1,597	13.8	515 (48%)	3.6 (35%)
노후 경유차	조기폐차	669	8.32	934	11.6	265 (40%)	3.28 (39%)
	DPF 부착	247	1.6	222	1.5	25 (10%)	0.1 (6%)
	LPG 엔진개조	5	0.03	9	0.05	4 (80%)	0.02 (67%)
합계		921	9.95	1,165	13.15		
노후 건설 기계 등 대형차	PM·NOx 동시저감장치	36	0.05	225	0.3	189 (525%)	0.25 (500%)
	건설기계 DPF	49	0.1	95	0.2	46 (94%)	0.1 (100%)
	건설기계 엔진교체	76	0.1	112	0.15	36 (47%)	0.05 (50%)
합계		161	0.25	432	0.65		

이 수치들은 정부가 건설기계의 배출가스 저감정책에 관심이 없다는 것을 보여주고 있습니다. 이 외에도 경유차에 비해 건설기계는 각 원동기의 종류가 다양하여 매연저감장치나 엔진교체의 기술적 어려움이 클 뿐만 아니라 관련 인증규정도 많이 미흡합니다. 더 큰 정책적 미비점은 대기환경보전법상 자동차로 분류된 건설기계가 현재 조기폐차에 법적 제한은 없으나, 환경부가 정한 조기폐차 지원금 상한액이 중고차 시세에 비하여 낮기 때문에 소유자가 조기폐차 신청을 꺼린다는 점입니다. 신차 가격이 무척 비싸고 중고차 가격도 조기폐차 보조금보다 높기 때문에 조기폐차를 할 아무런 경제적 유인이 없습니다. 또한 보험개발원의 분기별 차량기준가액표에 나오지 않는 건설기계도 많기 때문에 다른 기준을 추가해야 하나 환경부는 이마저도 고려하지 않고 있습니다.

결국 환경부는 2018년 건설기계를 조기폐차의 대상에서 배제했습니다. 노후 건설기계도 관련 법규를 개정하면서 지원금 책정기준을 정하고 상한액을 대폭 올리거나 없애서 조기폐차를 하려는 소유자들을 지원해야 합니다.

3

환경과
폐자동차 재활용업

모든 인간이 태어나 언젠가 죽는 것처럼 자동차도 마찬가지입니다. 공장에서 생산된 자동차는 수명이 다 되거나 사고가 나면 폐차해야 합니다. 주민등록증에 해당하는 등록원부에서 등록말소처리가 되면 폐자동차의 신분으로 바뀌어 통째로 '수출'하거나, 부품을 판매하는 '재사용're-use과 철과 비철, 합성수지 등을 추출하는 '재활용'recycling을 거치는데, 이를 넓은 의미에서 '재활용업'이라고 부릅니다.

'폐자동차 재활용업'은 현재 어떤 상태에 있고 앞으로는 어떻게 변할까요? 지난 10여 년 동안 지구온난화와 대기오염문제를 해결하기 위해 내연기관자동차를 친환경자동차로 대체하려는 국내외의 노력이 계속되면서, 폐차동차 재활용의 중요성도 커지고 있습니다. 3장은 그 과정을 지켜본 제 소회와 경험을 담았습니다.

폐자동차 재활용

차주가 폐차를 신청하면 직접 운전하거나 폐차업자가 견인
차나 탁송기사를 보내 자동차를 폐차장에 입고시킵니다. 폐차
장에 입고된 자동차의 부품 중 범퍼, 엔진과 변속기, 차축, 삼원
촉매장치, 타이어, 배터리 등은 분리하고, 액상폐기물과 냉매가
스를 회수한 뒤 차피는 압축시킵니다. 회수한 냉매는 폐가스류
처리업자에게 전달하고, 압축한 차피는 파쇄재활용업자Shredder
에게 판매되어 파쇄과정을 거쳐 고철과 비철은 다시 회수하고,
남은 파쇄잔재물ASR: Automotive Shredder Residue들은 재활용업자가
인수합니다.

폐차업자인가, 자동차해체 재활용업자인가?

'전기·전자제품 및 자동차의 자원순환에 관한 법률' 제25조
는 '폐자동차 재활용비율의 준수의무자'로 다섯 사업자(자동차
제조·수입업자, 자동차폐차업자, 파쇄재활용업자, 파쇄잔재물재활용업
자, 폐가스류처리업자)를 나열하고 있습니다. 그중 자동차폐차업
자로서 제가 지적하고 싶은 것은, 자동차관리법 제2조 9호는
"자동차해체 재활용업이란 폐차 요청된 자동차(이륜자동차는 제

외한다)의 인수, 재사용 가능한 부품의 회수, 폐차 및 그 말소등록 신청의 대행을 업으로 하는 것을 말한다"로 개정되어 더 이상 '자동차폐차업'이란 용어는 자동차관리법상 존재하지 않는다는 점입니다. 그러나 개정된 지 몇 년이나 지났는데도 환경부의 모든 문서에는 여전히 '폐차업과 폐차업자'로 나옵니다. 환경부에서 쓰이는 '자동차폐차업과 자동차폐차업자'라는 용어는 국토교통부에선 '자동차해체 재활용업과 자동차해체 재활용업자'로 이름이 바뀝니다.

정부부처에서 사용하는 용어 불일치보다 더 심각한 문제는 '전자제품 등 자원순환법' 제25조 1항에서 보듯이 단계별로 재활용 목표가 정해지지 않아, 재활용비율이 준수되지 않은 경우에 이를 지켜야 하는 다섯 사업자가 각각 무엇을 더 해야 할지 또는 무엇을 책임져야 할지 뚜렷하지 않다는 것입니다. 하위법령에 나와 있는 기본적인 의무만 준수하면 전체 폐차의 재활용비율이 지켜지지 않더라도 아무도 책임을 지지 않는 현실에서는 폐차의 재활용을 활성화시킬 수 없습니다.

전기·전자제품 및 자동차의 자원순환에 관한 법률 (약칭: 전자제품 등 자원순환법)

제25조(폐자동차 재활용비율의 준수 등)

① 다음 각 호의 어느 하나에 해당되는 자는 <u>제9조 제1항 본문에</u>

따라 정한 자동차로서 폐차되는 자동차에 대하여 대통령령으로 정하는 재활용비율(이하 '재활용비율'이라 한다)을 지켜야 한다.

1. 자동차제조·수입업자

2. 자동차관리법 제2조 제9호에 따른 자동차폐차업을 영위하는 자 (이하 '자동차폐차업자'라 한다.)

3. 제32조 제2항 제1호에 따른 파쇄재활용업을 영위하는 자(이하 '파쇄재활용업자'라 한다.)

4. 제32조 제2항 제2호에 따른 파쇄잔재물 재활용업을 영위하는 자(이하 '파쇄잔재물재활용업자'라 한다.)

5. 폐가스류처리업자

폐차업의 현황

현재 우리나라 폐차업은 정체되어 있습니다. 2011년부터 2016년까지의 평균 폐차 대수는 80만 대 내외에 머무르고 있으며, 자동차 등록대수 대비 폐차비율은 4.59%에서 3.63%로 떨어졌습니다. 자동차의 내구성이 향상되었고 도로 상태는 개선되었으며, 무엇보다 자동차 소유자의 인식이 바뀐 점들이 자동차의 사용년수를 길게 만들고 있습니다.

현재 폐차업이 처한 문제는 2011년에 폐차 대수가 최고점을 찍은 이후 답보상태임에도, 폐차장은 계속 늘어 개별 폐차장에서 처리하는 차량 대수가 줄고 있다는 점입니다. 폐차장의 이익 감소는 연구개발 및 신공정 투자를 저해하고 결국 일자리 감소로도 이어집니다.

지난 20년간 폐차장의 급증과 이로 인해 폐차업계가 위기에 빠지게 된 데는, 폐차업이 '허가업'에서 '등록업'으로 바뀌었다는 점을 주요원인으로 들 수 있습니다. 1995년에 141사(월 299대)에서 8년 후인 2003년에 310사(월 148대)로 폐차장이 2배 이상 늘어가는 동안, 폐차장별 폐차 처리대수는 절반 이하로 줄었습니다. 최근 2016년에 폐차장은 517개로 3배 이상 늘었고, 처리대수 역시 지속적으로 줄고(월 127대) 있습니다. 폐차업은 자동차관리사업 중 등록요건이 가장 엄격하여 사업개시 후 폐업하면 큰 손실을 보는 반면, 폐차수요는 상당히 고정적이기 때문에 폐차를 확보하기 위해 격렬히 경쟁하게 됩니다. 이런 특징을 고려하여 폐차업의 신규등록에 어느 정도의 제한이 필요합니다. 자유등록제가 실시된 지난 20여 년 동안 개별 폐차업들의 수익성이 악화되어 인력 양성이나 시설투자, 연구개발에 지원할 수 없어 사업 자체가 정체되고 있음을 고려해야 합니다.

자동차에도 생산자책임재활용제도를

자원의 절약과 재활용촉진에 관한 법률 (약칭: 자원재활용법)

제16조(제조업자 등의 재활용 의무)

① 생산단계·유통단계에서 재질·구조 또는 회수체계의 개선 등을 통하여 회수·재활용을 촉진할 수 있거나 사용 후 발생되는 폐기물의 양이 많은 제품·포장재 중 대통령령으로 정하는 제품·포장재의 제조업자나 수입업자(포장재는 포장재를 이용한 제품의 판매업자를 포함하되, 대통령령으로 정하는 업종 및 규모의 사업장을 운영하는 자로 한정한다. 이하 '재활용의무생산자'라 한다)는 제조·수입하거나 판매한 제품·포장재로 인하여 발생한 폐기물을 회수하여 재활용하여야 한다.

'생산자책임재활용제도'EPR: Extended Producer Responsibility는 자원재활용법에 따라 재활용의무생산자인 사업자가 제조하거나 수입하여 판매한 제품 또는 포장재와 같은 폐기물을 회수하고 재활용하도록 만든 제도입니다. 그러나 각자도생의 방식으로는 재활용비율을 달성하기 어렵기 때문에, 재활용 의무를 이행하기 위한 분담금을 '재활용사업공제조합'에 내는 방식으로 대응하고 있습니다. 다른 제품에 비해 부피나 무게가 큰 전기·전자제품은 자원재활용법과 별개로 '전자제품 등 자원순환법'

제15조에서 "재활용의무생산자는 자신이 출고한 제품의 폐기물을 회수하여 폐기물 재활용업의 허가를 받은 자에게 인계하거나 공제조합에 공동으로 회수 및 인계토록 하여 재활용하여야 하며, 이에 필요한 모든 비용을 부담"하도록 규정하고 있습니다. 그런데 전기·전자제품보다 부피도 크고 무게도 더욱 나가는 자동차에는 EPR제도가 적용되고 있을까요?

2006년에 '전자제품 등 자원순환법'을 제정할 때 국회는 자동차에 대해서도 EPR제도를 적용할 것인지를 합의하지 못했고, 그후 EPR제도의 도입을 위한 법률 개정작업 역시 진행되지 못했습니다. 그 와중에 자동차폐차업자는 재활용비율을 지켜야 하는 의무와 책임을 오롯이 떠안게 되었습니다.

당시 폐차업계는 자동차제작사가 소유자로부터 폐차를 수집하는 과정 전반을 주도하여 업계를 재편하고 종속시킬까 우려하였고, 자동차제작사는 본인들이 비용만 부담하면서 폐차사업에 관여하지 못하는 상황을 비판하였습니다. 현재 자동차제작사 중 '현기차'만 폐자동차 재활용 고도화사업에 참여하고 있습니다. 그리고 재활용 사업에 참여하지 않는 80% 정도의 폐차장은 수익이 나지 않는 물질의 분리와 수거는 하지 않으며, 폐압에 포함시켜 함께 배출하고 있습니다. 이처럼 폐차업체로부터 폐압을 받아 고철을 분리·수거하는 파쇄재활용업체의 평균 고철회수 비율은 현재 60% 정도에 머물고 있습니다.

한국환경정책·평가연구원이 2015년에 펴낸 「폐자동차의 자원순환 고도화 방안을 위한 폐자원 및 잔재물 흐름 분석」에 따르면, 독일은 "폐자동차 내 금속자원의 회수율이 70%라고 가정한 채, EPR제도를 통해 각 단계별 사업자인 해체업자, 파쇄업자에게 재활용 목표를 부여"하고 있습니다. 또한 일본은 "자동차제조사나 수입업자뿐만 아니라 소유자, 폐차인수업자, 해체업자, 파쇄업자 등의 역할과 책임을 명확하게 구분하고 있으며, 자동차를 구입하는 소비자가 재활용 비용을 선납"하고 있습니다. 폐차 재활용은 환경과 사업자 모두에게 좋은 취지로 시작되었습니다. 하지만, 해외와는 달리 책임을 폐차업자에게만 돌리는 국내의 현실은 대대적인 변화가 필요합니다.

폐차 재활용률은 높아지고 있을까?

일본은 2005년 1월부터 시행된 '자동차리사이클링법'에 따라 차량구매 시 거둔 비용으로 폐차기금을 조성했습니다. 폐차업자는 폐차 시 에어백 해체 등을 지원받았는데, 이를 통해 자동차 재활용산업 전반에 현대화, 집적화, 효율화라는 큰 변화가 가능해졌습니다. 우리나라는 2006년 '전자제품 등 자원순환법' 제정을 논의하는 과정에서, 환경부는 일본과 유사한 기금조성을 원했으나, 준조세 논란이 일어나 산업부를 비롯한 타 부서들이 동의하지 않았고 무엇보다 자동차제조업계의 반대가 커서 결국 관철하지 못했습니다.

기금조성이나 지원제도는 마련하지 못했고, 재활용률 준수의무도 폐차 단계에 따른 재활용사업자별로 기준을 달리 규정하지 않고 일괄적으로 부과하여 현실에선 폐자동차의 재활용이 제대로 이뤄지지 않고 있습니다. 특히 법에서 정한 폐차 시 준수해야 할 재활용률은 2018년 현재 95% 이상이지만, 사실 90%도 채 재활용되지 않습니다. EPR제도가 자동차에 적용되지 않는 상태에서 폐차장은 인건비 증가 등의 이유로 유가성이 낮은 물질을 해체·재활용하지 않고, 파쇄재활용업체는 에너지회수시설보다 처리비용이 적게 드는 일반소각시설로 파쇄잔재물을 인계, 처리하게 되면서 목표를 달성하는 것은 더욱 요원해졌습니다.

한국환경공단은 폐자동차 재활용률 전산망인 'EcoAS'의 연도별 재활용률이 계속해서 상승하고 있다고 말하지만, 법정의무로 정한 재활용률(95%)은 달성하지 못했습니다. 게다가 폐차장에서 허위로 수치를 입력하는 사례도 많아 'EcoAS'에서 조회되는 재활용률은 결코 정확하다고 말할 수 없습니다. 고도화사업 이후 2015년 상반기에 재활용률이 89%까지 늘었지만, 그 이후엔 더 높일 수 있는 정책이 없었기에 여전히 그 수준에 머물고 있습니다.

그렇다면 유럽의 자동차 재활용률은 어떨까요? 유럽연합 평균이 91.4%이고 네덜란드, 오스트리아, 핀란드는 96%에서 97% 사이를 기록하고 있습니다. 어떻게 하면 80%대에 머물고 있는 우리의 자동차 재활용률을 높일 수 있을까요?

앞에서 언급한 한국환경정책·평가연구원의 2015년 보고서에 따르면, 먼저 폐자동차의 해체 재활용을 최대화할 수 있는 경제적 지원이 필요합니다. 우선 재활용률을 올리려면 재질·부품별로 해체와 재활용을 최대한 해야 하는데, 이를 위해서는 모든 폐차장에서 인력과 장비를 늘려야 합니다. 폐차장으로서는 비용 부담을 감수해야 하는데, 이러한 문제를 해결하기 위해서는 자동차에도 EPR제도를 적용하여 자동차제작사나 수입사가 재활용사업자에게 직접 또는 간접적으로 지원할 수 있어야 합니다. 폐차업계만이 아닌 다양한 이해관계자들의 참여와 지원을 이끌어 내야만 폐자동차의 재활용률을 올릴 수 있는 것입니다.

두 번째로 파쇄잔재물ASR처리의 다각화로, 해체 이후 단계에서 재활용을 확대할 수 있는 방안을 모색하는 것이 필요합니다. 파쇄잔재물 재활용의 비중을 확대하는 것은 폐자동차 해체에 따르는 부담 감소와 비철금속의 재활용을 확대할 수 있는 방안인데, 이를 위해서는 파쇄잔재물처리 기술개발과 설비구축 등의 초기 투자비용이 필요합니다. 자동차 경량화로 자동차 제작 시에 비철금속, 플라스틱 등의 사용이 증가하는 추세로 파쇄잔 재물의 발생량은 앞으로도 지속적으로 증가할 것으로 전망됩니다. 하지만, 우리나라는 자동차 EPR제도 도입이 계속 늦어지면서 폐차 이후 단계에서 재활용률을 높일 투자와 연구개발은 거의 이뤄지지 않았습니다. 우리나라의 자동차 재활용률 향상이 앞으로 갈수록 어려워질 수 있는 이유입니다. L대기업이 대규모 투자로 추진했던 ASR 처리시설이 결국 가동되지 못한 것도 그 기업의 탓으로만 돌릴 수 없습니다. 국가차원의 지원과 협조 없이 모든 것을 개인과 업체가 떠안아야 하는 현실이 문제입니다. 2018년에는 자동차 EPR제도를 도입하고 관련 당사자들의 이해와 협조를 통해 한국형 자동차 재활용 방안을 만들어야 합니다.

순환형 통합환경정책을 제안한다

2007년에 산업자원부가 생태산업단지 조성을 추진하면서 산업단지 내 제품의 생산과정에서 발생하는 잔재물과 폐기물을 원료 또는 에너지로 '재자원화'함으로써 환경에 대한 부담을 최소화하고 자원효율성을 극대화하는 산업단지를 추구한다고 발표하였습니다. 한 제조공장의 제조공정에서 나온 잔재물이나 폐기물을 다른 제조공장의 원료 또는 에너지로 활용한다는 것이지요. 이와 같이 정책이 단선적으로 하나의 목표를 위한 것에 그치지 않고, 유기적 통합성을 살려 하나의 정책을 다른 정책과 연계하도록 추진하면 좋지 않을까 생각했습니다.

자동차 배출가스 저감정책이 온실가스 감축정책과 통합해 추진되어야 한다는 점에서 통합(대기)환경정책을 말할 수 있고, 자동차 배출가스 저감정책의 결과로 퇴출되는 디젤엔진 시내버스 등을 외교정책의 수단으로도 활용할 수 있다는 점에서 순환형정책의 중요성을 말할 수 있습니다. 2017년 9월 26일에 발표된 문재인 정부의 미세먼지 관리 종합대책에서도 "미세먼지와 기후변화·에너지정책 간의 연계성이 미흡"하다고 지적하면서 "통합적인 저감대책을 추진"할 것이라고 밝혔습니다. 참 바람직한 변화입니다.

경유차의 미세먼지정책을 '순환형 통합환경정책'으로 발전시켜 생각해 보자면, 천연가스 시내버스의 보급으로 퇴출되는 디젤엔진 시내버스를 어떻게 활용할 수 있을까요? 2000년부터 2006년까지 2천 6백여 억 원을 투입하여 11,988대의 디젤엔진 버스가 천연가스 시내버스로 교체되었습니다. 그러나 퇴출된 수많은 버스들은 운송회사의 처분에 맡겨져 폐차되거나 수출되는 등 국가가 주도하지 못했고, 결국 효율적으로 재활용할 수 있는 자원을 낭비하였습니다. 디젤엔진 시내버스를 천연가스 시내버스로 교체할 때, 그 소유권을 개별 운송회사가 아닌 정부에 두어 다양하고 적극적으로 활용해야 합니다. 현재는 일부 지자체에서 구매보조금을 지급한 시내버스의 폐차매각대금 일부를 직접 환수하거나 운송수입에 반영하는 정도에 그치고 있습니다.

하나의 대기정책이 통일과 외교, 통상정책으로 이어질 수 있는데, 제가 생각하는 '순환형 통합환경정책'은 다음과 같습니다.

1) 대기정책수단: 디젤엔진 배출가스 저감정책의 목표는 천연가스엔진 버스로 교체됨으로써 실현됩니다.

2) 통일정책수단: (유엔 제재가 풀려야 추진 가능하겠습니다만) 남북교류협력기금을 이용하여 자동차 재제조 합작사를 설립하고, 남북 경제협력의 지표라고 할 만한 개성공단에서 북한의 노동력을 이용하여 버스의 재제조(재생)를 진행합니다. 상태가 좋지 않은 버스는 남한에서 해체하여 재사용이 가능한 부품을 추출합니다.

3) 외교정책수단: 재제조(재생)된 시내버스를 대외원조자금을 이용하여 피원조 국가의 필요 도시에서 일정 기한 운용하고 대중교통체계 운용 경험을 전수합니다. 일정 기한 후 차

고지, 직원 월급, 유류대 등의 기본 유지비용은 도시가 부담하도록 하여 자체 운용 기반을 마련하게 합니다. 서울시 등과 해당도시의 자매결연도 추진하여 지속적으로 협력이 이루어지도록 합니다. 부품공급 및 유지보수기술 제공 등 지원을 계속하여 원활하게 차량이 운용되도록 합니다. 적용지역은 자원개발 등 전략적 가치가 높으나 대중교통수단 미비로 시민들 고통이 큰 지역을 먼저 선정합니다.

4) 통상정책수단: 현지 운용될 재제조(재생)된 버스의 내외부면 광고를 지원 국가에 진출을 원하는 국내 기업에 적정 광고료로 제공하여 해외지원 비용의 일부를 부담하도록 합니다. 특히, 지원한 재제조(재생) 버스가 신품 버스로 교체될 때 버스의 원 제조사 제품으로 선정되도록 노력합니다.

실례로 제가 2006년부터 제안하고 환경부와 국회를 쫓아다니면서 법을 바꾸어 정부와 지자체에 총 500억 원 이상이 귀속(세입처리)된 사례가 있습니다. 당시 '경유차 배출가스 저감사업'을 살펴보니, 저감장치의 개발, 인증, 부착, 관리부문에 대해서는 정책이 잘 마련되어 있는데 사용 후 재활용에 대해서는 내용이 부족했습니다. 국고지원(90~95%)으로 부착하는 저감장치의 주요성분이 백금인데 자동차가 폐차되더라도, 경제적 가치가 있는 저감장치를 수거하여 매각하거나 상태가 좋은 것은 재사용하자고 설득했습니다. 노력한 결과, 2009년부터는 수출하거나 폐차할 때 저감장치를 정부에 반납하고 있습니다. 저는 이러한 변화가 '대기정책과 재활용정책의 만남'이라고 생각합니다. 아래는 제가 2010년에 작성하여 환경부에 보도자료로 배포하자고 제안했던 글입니다. 좋은 정책을 홍보하는 것도 정부의 중요한 역할이라고 생각합니다.

금값이 천정부지로 치솟고 있는 요즘 금을 캐고 있는 정부 중앙부처가 있어 화제다. 환경부는 2005년부터 수도권에서 운행 중인 경유차량에 대해 배출가스 저감장치 부착 등 운행차 저공해화 사업을 추진해 오고 있는데, 정부보조금 지원을 받아 배출가스 저감장치를 부착하거나 저공해엔진으로 개조된 자동차를, 폐차 또는 수출 등을 위하여 등록을 말소하는 경우는 보증기간에 관계없이 부착된 장치를 반납하도록 하고 있다. 이 중 재사용할 수 없는 저감장치는 국내에서 팔라티늄Pt, 팔라듐Pd, 로듐Rh 등 귀금속을 추출할 수 있는 업체에게 입찰을 거쳐 매각함으로써 연간 100억여 원을 국고로 귀속시키고 있다. 2010년까지 저공해엔진 개조 17만 대, 저감장치 32만 대가 부착되었고, 이 중 연평균 2만여 대가 반납되고 있으며, 국민의 세금으로 장착된 저감장치인 만큼 반납된 저감장치 매각금액을 다시 수도권 지역 대기질 개선에 사용할 것이라고 전했다.

하이테크와 로테크

농업혁명과 산업혁명 다음으로 우리는 큰 변혁의 시대에 살고 있다고 많은 이들이 말한다. 디지털 혹은 인터넷으로 표현되는 기술혁명을 보고 듣노라면 신상품을 생산해 시장에 쏟아붓고, 그것의 효용성을 광고하는 자본주의 시장경제에 살고 있음을 새삼 깨닫는다. 모든 변화는 밝은 면과 어두운 면을 함께 지니고 있다. 디지털과 인터넷 시대의 변화에서 우리는 "바꿔야 산다"는 강박관념에 휩싸여 있다.

최근 우리 삶에 닥쳐온 이 변화는 많은 상품을 탄생시켰고 또 예고하고 있다. 이제 수명이 다한 상품의 대체를 위해 구매하는 게 아니라 연이어 출현하는 새로운 형태의 상품을 시대변화에 뒤떨어지지 않기 위해 구매하는 시대다. 지난 몇 년간 국민의 반 이상이 휴대폰을 사서 일상생활에 사용하고 있는 게 그 대표적 실례가 아닌가.

이런 소비행태를 굳이 나쁘다고 할 건 아니다. 남과 같거나 앞서고 싶은 욕구를 충족시키는 것은 소비자로서 당연한 일이라 할 수 있다. 하지만 순환하는 생태계의 일부분에 지나지 않는 우리가 후대의 욕구 충족을 방해하는 수준으로까지 소비하는 건 심각한 문제다. '소비가 미덕'이고 '산업 발전의 견인차'라고 큰 소리로 말할 사람은 없겠지만 실제 우리의 일상생활은 거기에 완전히 젖어 있다. 디지털 시대의 뒷면에는 아날로그 상품의 폐기라는 그림자가 있다.

일회성 소비가 사회에 미치는 부담을 줄이는 길은 제품의 사용 연한을 늘리는 재활용밖에는 없다. 그 제품 자체로나, 일부 부속이나, 자원으로나, 혹은 열에너지로 환원시키는 재활용이 신제품의 개발·생산·판매와 한 순환체계로서 어우러질 때 신제품의 급속한 출현, 사용, 폐기의 과정이 주는 부담을 최소화할 수 있다.

IMT-2000 단말기가 시장에 나오면 기존 휴대폰의 보급 속도만큼 혹은 더 빨리 대체 구매가 일어날 텐데, 현재 2,000만대 이상 보급된 휴대폰 단말기는 어떻게 되는 걸까? 고화질에 양방향 정보소통으로 편하고 좋은 디지털TV가 저가로 보급되면 길거리로 나올 아날로그TV는 어떻게 처분해야 하나? 부숴서 철과 비철 정도를 걷어 내고 나머지는 땅에 파묻고 그래도 모자라면 태우면 되는가? 파묻고 태운다 하더라도 어디에서 하겠는가?

우리가 신기술과 신제품에 대해 많이 관심을 갖고 언급할수록 그 사회적 비용에 대해 진지하게 생각하고 대처해야 한다. 이는 정부뿐만 아니라 소비자, 생산자, 판매자, 사회 전반이 모두 참여해야 하는 문제다.

　더욱이 EU 및 일본을 중심으로 전 세계에 확산되고 있는 '확대생산자책임'EPR 원칙의 측면에서 앞으로 보급될 신제품의 기술 표준에 폐기물의 사전억제 및 최소화, 재활용을 함께 검토해야 한다. 이 점에서 첨단 제품을 개발하고 생산하는 하이테크 산업의 동전의 양면처럼, 사용 후 제품을 수거하여 재사용하고 재활용토록 하는 로테크 산업이 함께 발전해야 한다.

　심장에서 힘차게 신선한 피를 온몸에 공급하는 동맥이 모세혈관으로부터 혼탁한 피를 심장으로 오게 하는 정맥과 함께 존재할 때 건강한 신체가 있는 것처럼, 성능 좋은 제품을 잘 생산하여 판매하는 동맥산업이 잘 발전하려면 사용이 끝난 제품의 수명연장re-use과 자원재활용re-material을 하는 정맥산업이 함께 커나가야 한다.

　지금부터라도 새로운 첨단정보기술제품에 대해서뿐만 아니라 기존 제품들의 재활용이나 용도 개발에 관심을 기울여야 할 때다.

(『디지털타임스 IT』 2000. 9. 19)

자동차, 생산자책임 재활용의무대상 제품에 즉시 포함시켜야 한다

　문제를 풀 때 쉬운 것부터 손을 대는 것은 현명하다. 하지만, 가장 중요하거나 비중이 큰 문제를 힘들다고 계속 미뤄두는 것은 자칫하면 전체의 완성을 갈수록 힘들게 할 가능성이 높다. 환경부의 현명한 정책 추진을 바라며 몇 말씀 드릴까 한다.

　환경부가 2003년 1월부터 시행한 생산자책임재활용EPR제도는 폐기물이 되는 제품을 만들거나 판매한 자가 책임지고 사용이 끝난 후에 재활용하도록 하는 제도이다. 이 제도는 환경부 인터넷 홈페이지 설명에 따르면, "독일, 프랑스, 영국 등 서부유럽 국가 대부분, 체코, 헝가리 등의 동부유럽, 일본, 호주, 뉴질랜드뿐 아니라 멕시코, 브라질, 페루 등 남미지역까지 확대되고 있는 세계적 추세"라고 한다. 현재 우리나라는 TV, 냉장고, 에어컨, 세탁기, 컴퓨터, 오디오, 이동전화단말기 등 전자제품, 타이어, 윤활유, 형광등, 전지 등 제품과 종이팩, 금속팩 등 4대 포장재에 시행하고 있으며 2006년부터 프린터, 복사기, 팩시밀리를 추가할 예정이다. 바람직하고 당연한 정책이다.

　그러나, 이들 전 제품을 합한 것보다 더 큰 부피와 무게를 차지하는 자동차는 그 대상에 없다. 필자가 환경부 전자민원창구

(일반민원)에서 올해 7월 1일자로 질문한 것에 대한 환경부의 7월 7일자 답변은 "자동차에 대한 생산자책임재활용제도의 도입은 현재 계획하고 있지 않습니다"이다. 11월 16일 프린터, 복사기, 팩시밀리가 추가되었다는 보도를 본 후 환경부 담당자를 직접 찾아가서 다시 문의했을 때도 "검토 중이나 아직 계획한 바 없다"였다.

작년 한 해 동안 폐차된 54만 대(승용차 40만 대 포함)를 무게로 치면 60만 톤이 넘는다. 자동차의 현재 추정 재활용률이 75~80%이니 매년 12~15만 톤 정도의 쓰레기가 자동차에서 발생되어 땅에 묻히거나 태워진다. 2006년부터 EPR제도 대상이 되는 프린터, 복사기, 팩시밀리의 2003년도 판매수량 264만 대의 무게 9만 5천 톤의 1.5배가량의 쓰레기가 자동차에서 매년 발생되고 있는데 왜 자동차는 생산자에게 재활용 책임을 지우려 하지 않는가? 환경부 설명에 따르면, 폐기물 재활용에 대한 법적 의무는 생산자에게 있지만 생산자가 수거부터 재활용 전 과정을 직접 책임지라는 의미는 아니라고 한다. 자동차생산자가 재활용체계의 중심적 역할을 수행하도록 하는 데 어떤 현실적 어려움이 있는 것일까? 자동차에 주로 쓰이는 타이어와 윤활유는 1992년부터 예치금제도를 시행하였고 EPR 대상에도 포함시켜 관리하여 왔는데 몸통인 자동차 자체는 무엇 때문에 계획 없다는 말만 되풀이하는 것일까? 오존층을 파괴한다고

하여 국제 협약으로 사용을 규제하는 프레온가스가 가정용 에어컨에 포함되면 가전 3사가 자체 해체공장에서 수거·파괴해야 하고, 차량에 포함되면 그냥 공중으로 날려버려도 된다는 말인가? 한 해 회수되는 폐에어컨 대수가 2만 대 수준이고, 에어컨이 장착된 폐차는 그 25배인 50만 대인데 말이다.

세계 자동차 5대 강국을 지향한다면서, EU가 1997년에 발표하고 2000년에 발효했으며, 이웃 일본이 2002년에 국회 승인을 받고 내년 1월부터 발효하는 자동차 재활용 관련 법안을 공론화 자체도 하지 않거나 못 하는 특별한 이유가 있는 것일까? 사실 정부나 자동차제조업체, 재활용업체, 소비자 어느 한쪽의 탓은 아니다. 불가피한 사정도 있었고, 현재의 상황 탓도 있다.

우리나라 대부분 자동차제조업체들은 IMF 위기부터 올해까지 경영권의 변화가 연이었다. 각 기업별로 그런 혼란을 겪는 와중에 업계 전체의 노력을 모으기는 어려웠다. 각자 생산하여 파는 것이야 가진 능력과 처한 상황에 맞춰 하면 되는 것이지만, 함께 해결해야만 그 효과를 볼 수 있는 재활용사업은 불가능하기도 하였다. 각 기업 내부에서도 만들어 파는 것이야 당면한 기업 생존의 문제이기에 화급하고 중요하게 취급하지만, 사용이 끝난 차량의 재활용은 아무래도 우선순위에서 끝자리에 설 수밖에 없었다. 당장 수익 창출에 도움이 되지 않는다는 게

암묵적인 공통의 인식이었다. 여기에 더해 관련 업계에 정책을 제시하고 이끌어 나갈 정부 부처가 환경부, 건설교통부, 산업자원부 등으로 각기 따로 사안별로 접근함으로써 자동차 재활용 정책 전반에 대한 원칙이나 체계, 일정을 세우지 못했다.

결과적으로 폐차업계에 환경보존 단속만 강화하면서 자동차 재활용의 최종 책임을 시장 논리에 떠맡겨 왔다. 폐차를 가지고 수익을 낼 수 있는 만큼 재활용을 알아서 하도록 하고, 그 대신에 환경오염을 시키면 벌을 줘 왔다는 말이다. 이는 전 세계적으로 환경보존의 기본 원칙이 되고 있는 오염자 부담 원칙에서 벗어나도 한참 벗어나 있다. 이런 실정이니 폐차장 사장치고 크고 작은 범법자 아닌 이가 없다고 해도 지나친 말이 아니게 되었다. 매년 폐유, 폐수, 폐기물 소각처리 기준을 강화하며 단속에 치중했으니 수익을 내어야 하는 사업자 입장에서 위법과 편법을 하지 않으면서 연구개발에 재투자하기는 불가능한 현실이 되었다. 이렇게 가다가는 일본이나 유럽의 자동차 재활용 선진 업체가 우리나라에 진출했을 때 업계의 주도권을 그대로 내어주기 십상이다. 10년 전이나 질적으로 다를 바 없는 게 우리 폐차업계의 수준이기 때문이다.

이를 해결하기 위해 먼저 자동차 재활용의 주관 부서를 환경부로 통일하고 규제 위주에서 지원 중심으로 정책방향을 전환해야 한다. 환경부가 역동적으로 추진하며 좋은 결과를 맺고 있는 EPR제도에 자동차도 포함시켜야 한다. 당장 어렵다면 EU나 일본이 80년대와 90년대에 했던 것처럼 일정을 정해서 공표해야 한다. 법적 강제가 이르다면 그전에 자동차제조업계가 자율적인 노력을 공동으로 추진하도록 유도해야 한다. 자동차 전체로 EPR제도가 어렵다면 타이어나 윤활유에 대해 90년도 초반에 했던 것처럼, 에어컨가스, 유리, 시트와 같은 부분품부터 포함시키면서 대상 영역을 확대하는 방안도 고려할 수 있겠다. 사용이 끝난 자동차를 파쇄하는 개념의 폐차업은 이제 재활용의 범주인 '해체업'으로 전환하고 이를 위한 지원책을 마련해야 한다. 자동차 재활용률 향상과 폐기물의 매립 및 수거 비율 감소의 목표를 정해 자동차제조업계에 책임 지워야 한다.

올해 우리나라에 첫 선을 보인 하이브리드카나 가까운 미래에 보편화할 전기자동차, 연료전지자동차는 기존 자동차의 급격한 퇴장을 가져올 것이다. 미리 자동차 재활용 기술을 축적하고 기반을 만들어 놓지 않고서 그때가 되면 어떻게 할 건가. 파묻고 태우고 말 것인가. 세대마다 안 쓰는 휴대전화단말기가 한 개 이상이 된 게 현실인데 10년이나 20년 후에 안 쓰는 가솔린, 디젤 자동차도 집집마다 한 대씩 세워 둘 것인가.

매우 힘든 상황에서도 320여 폐차업계가 업체별로 천 평 이상의 부지에 각종 기계시설을 갖추고 폐차를 처리하고 있다. 업체별로 10명만 치더라도 전체 3만 명 이상의 인력이 이미 생업

을 걸고 있다. 별다른 준비가 없는 상태에서 제조업체가 법에
따라 폐기물의 수거 및 재활용망을 짧은 기간에 구축한 가전 등
다른 제품에 비해, 자동차는 준비가 잘 되어 있다. 20년 이상의
폐차업계 경험이 쌓여 왔다.

정부의 적극적 정책 시행 및 지원, 자동차제조업체의 능동적
인 재활용책임 수행, 소비자들의 이해와 참여가 있다면 유럽과
일본에 비해 10년 이상 뒤진 현실도 3, 4년 사이에 충분히 극복
할 수 있으리라 믿는다.

(『중앙일보』 2004. 12. 2)

4

굿바이카페차산업
이야기

우리 사회는 모든 분야에서 불균형 문제에 부딪혀 있습니다. 산업을 인체에 비유하여 동맥산업과 정맥산업으로 나눈다면, 신제품의 개발·생산·유통·소비에 해당하는 동맥산업만 관심을 받고 자원도 독점하고 있습니다. 반면에 사용 후 제품의 회수와 재사용··재활용에 해당하는 정맥산업은 주목받지 못하며, 사회적 인식도 낮습니다. 동맥과 정맥 모두가 건강에 영향을 미치듯이, 신차가 계속 생산되려면 폐차와 재활용도 원활히 이뤄져야 합니다. 4장에서는 폐차, 폐차장, 자동차중고부품에 대한 일상의 이야기를 해보려 합니다.

죽어서 다시 태어나는 폐차

'폐차'란 말이 갖는 어감은 뭔가 없어지는 것, 사라지는 것, 혹은 뭔가를 없애는 것, 치워버리는 것입니다. 생산적이거나 긍정적이지만은 않습니다. 하지만 폐차는 반전의 계기를 만들어냅니다. 수명을 다하면 다른 자동차의 운행에 필요한 부품으로 다시 살아나고, 철이나 비철 혹은 합성수지로서 다시 삽니다. 그것이 재활용입니다. 일상생활의 소비재 중에서 자동차만큼 늘 함께 있으면서 덩치가 크고 고가이며, 수백 종 이상의 자원이 뒤섞인 제품이 있을까요? 수만 가지 부품이 아주 정교하게 조립되어 각각의 역할을 하는 자동차는 인간의 욕구를 충족시켜 주는 인류 최고의 발명품 중 하나입니다.

자동차를 단순히 없애버리기만 한다면 상당히 곤란한 상황이 생깁니다. 아무데나 버리면 보기 흉하고, 그냥 파묻으면 환경을 오염시키고, 쉽게 타지 않을 뿐더러 태워서 없앤다고 해도 대기를 심하게 오염시킵니다. 우리에게 고마운 자동차가 나쁘게 죽지 않고, 좋게 죽도록 해야 합니다. 죽어서 다시 태어나도록 해야 합니다.

자동차가 좋게 죽도록, 죽어서 다시 태어나도록 하는 게 '재활용'입니다. 그래서 저는 제가 하는, 자동차 재활용업을 좋아하고 자랑스러워하며 소중하게 생각합니다.

1992년식 티코가 2016년 1월 저희 굿바이카폐차산업 양주 지점에 왔습니다. 23년간 수고로운 운행을 마치고 쉬기 위해서지요. 티코는 일본 스즈키 경차인 알토 모델을 기반으로 개발해서 1991년부터 한국 최초의 국민차로 생산되었습니다. 2000년에 단종된 차량이기에, 차를 사랑하는 저로서는 티코를

해체하기 아쉬웠습니다. 6개월 동안 폐차장 마당에서 고객을 기다리다 결국 머나먼 가나로 갔습니다. 통째로 나가면 운임이 많이 드니 운전석까지 잘라서 엔진/변속기를 포함한 앞부분, 뒷문과 범퍼가 함께 나갔습니다. 굿바이, 티코야.

차를 자른다고 하니 놀랄 수도 있겠지만, 굿바이카폐차산업에서는 원하는 대로 잘라드립니다. 중남미 고객이 쌍용자동차 무쏘를 엔진은 들어내고, 중간을 잘라 공급할 수 있는지 물은 적이 있습니다. 중고차의 수입을 금지하고 있는 나라이기에, 엔진을 잘라 달라고 요청한 것 같습니다. 물론 고객이 원하는 어떤 방식으로도 공급은 가능합니다. 상태가 좋은 자동차를 골라 합의된 방식으로 해체 및 탈거하고 차체를 깔끔하게 자를 수도 있습니다. 저희 폐차장엔 정비사 직원도 있으니까요.

간혹 들어오는 냉동탑차를 소형 작물보관창고로 써도 좋겠다는 말을 들었습니다. 고급승용차의 의자는 휴식용 의자로 쓰고요. 폐차장에도 재활용과 재사용을 위한 연구개발과 투자가 필요합니다.

폐차장에서는 모든 게 재활용됩니다. 그중엔 휘발유와 경유도 있습니다. 자동차를 해체할 때는 꼭 연료탱크를 비워야 합니다. 남은 연료가 있으면 보관 중에 새어나와 주위를 오염시키고 혹시나 화재가 날 수 있습니다. 연료통을 파쇄할 때 재활용을 방해하기도 하니 신중히 처리해야 합니다. 연료통에 남아 있는 기름은 깨끗하지는 않습니다. 저희가 만든 오염물 제거장치로 걸러내어 따로 보관합니다. 팔지는 못합니다. 법 위반으로 처벌 받습니다. 요즘은 모두들 알뜰해져서 폐차로 들어오는 차에 남아있는 기름은 아주 적은데, 남은 걸 모아 직원 출퇴근용 차량에 주유하고 경유는 작업용 지게차에 넣습니다. 그냥 버리면 돈도 아깝지만 환경을 망치기 때문입니다. 뭐든 재활용해야 합니다.

그런데 홍수 때 발생하는 전손 폐차 자동차의 전자부품들은 재활용하기 어렵습니다. 기계부품은 건조시켜 수리하면 되지만, 전자부품은 물에 잠기면 수명이 다 되어 수리해도 결코 살릴 수 없습니다.

2016년 12월에 쿠바로 수출한 현대자동차의 경유엔진 D6AV의 재생품.

굿바이카폐차산업은 경유엔진을 재생하여 수출하기도 합니다. 중고엔진을 분해하여 주요 소모성 부품을 신품으로 교체하여 재조립합니다. 윤활유를 갈고 도색하여 최종점검을 위해 시동도 겁니다. 늙은 엔진을 '부활'시키면 죽지 않고 다시 사용할 수 있습니다. 재생엔진은 고장나서 서 있는 자동차에 장착되어 열심히 달릴 겁니다.

국내 최초 인터넷 기반 폐차대행서비스 '굿바이카'

저는 2000년 '닷컴 광풍'이 불 때, 인터넷에서 폐차대행서비스(www.goodbyecar.com)와 자동차 중고부품 쇼핑몰(www.greenpart.co.kr)을 전국에서 최초로 시작했습니다. 1995년부터 중고차, 중고부품과 엔진을 수출하며 배워 온 자동차 재활용업을 선진국을 참고하여 인터넷 기반으로 혁신화한 것이었습니다.

방향은 맞았지만 늦게 닷컴 바람에 편승한 탓에 기관투자를 받지 못했고, 결국 정상궤도에 올리지 못하는 등 큰 어려움을 겪었습니다. 당시 폐차는 차주가 폐차장에 돈을 지불하는 게 일반적이어서 공짜로 폐차해주면 고마워하던 때였는데, 저는 수출하기 위해 폐차장에 돈을 주고 자동차나 부품을 샀습니다. 폐차장은 폐차하면 돈이 생기고, 폐차 그대로 또는 폐차에서 탈거한 부품을 팔아 또 돈을 벌던 시절이었습니다.

폐차장 간에 폐차 수집경쟁이 됨에 따라 폐차장에 폐차를 중개하고 일정금액을 받을 수 있다고 판단했습니다. 차주에게 보상금을 주도록 하는 방식이 획기적이라 보고 "두껍아 두껍아 폐차 다오 현금 줄게"라는 구호로 사업을 시작했는데 언론의 큰 관심을 받았습니다. 저희 회사는 최초로 인터넷 기반 전국 폐차대행서비스를 시작하여 업계 1위를 차지하였습니다. 자동차제작사와 자동차보험사 등 자동차 관련 기업과 업무제휴를

2000년 시작한 인터넷 폐차대행서비스 '굿바이카'가 폐차장으로.

맺기도 했습니다.

그 혁신적 사업은 기존 업계의 큰 반발을 불러 왔습니다. 2001년 말 폐차협회는 자동차관리법상 무등록사업자 행위, 즉 폐차장이 아니면서 폐차대행을 했다는 죄목으로 저를 검찰에 고발했고, 검찰은 당시 건설교통부의 법 위반 취지의 공문을 근거로 300만 원 벌금을 약식기소로 부과하였습니다.

벌금을 낼 여유도 없었지만 제가 하던 사업에 문제가 없다는 확신을 갖고, 정식재판을 청구하여 2년간 재판을 했습니다. 친구를 변호사로 선임했지만 사정이 생겨 1차 재판 이후엔 혼자 피고로 재판에 임했고, 고군분투한 결과 1심과 2심에서 모두 무죄판결을 받은 후 2004년에 최종적으로 대법원에서도 무죄 판결을 받았습니다.(사건 2002고단11176 자동차관리법위반) 그때의 판결문을 '폐차영업의 논리적 근거'로 삼고 폐차장이 시비를 걸 때마다 맞섰다는 폐차 딜러 분의 이야기를 2017년에 듣기도 하였습니다.

서울지방법원은 2003년 7월 8일자 판결문에서 무죄 판결을 하면서, "피고인의 행위는 어느 모로 보나 자동차관리법에 규정된 등록이 필요한 자동차폐차업에 해당된다고 볼 수 없고, 또한 폐차 의뢰인들에게 폐차비용 보상금을 지급함으로써 오히려 정당한 절차를 거쳐 폐차를 할 수 있게 유도하는 측면이 있을 뿐만 아니라, 피고인에게 폐차의뢰를 한 자동차 중 방치차량이나 무적차량으로 인한 항의가 전혀 없는 점에 비추어 보면, 자동차관리법이 일정한 시설을 갖추고 등록을 마친 폐차업자에게만 자동차폐차업을 영위할 수 있게 한 입법취지에도 전혀 위배되는 점이 없다"며 이유를 밝혔습니다. 제가 국내 최초로 인터넷 폐차대행서비스 '굿바이카'를 통해 폐차의뢰인들에게 폐차비용 보상금을 준 행위가 결국에는 정당한 절차를 거쳐 폐차를 하도록 유도했다는 점에서 법원은 긍정적으로 평가하였고, 그런 과정을 겪으며 국내에서 폐차를 의뢰하는 자동차 소유자에게 많든 적든 폐차비용 보상금, 다른 말로 고철비 또는 차대비를 지급하는 방식이 정착되었습니다.

그린파트, 될 때까지 달리자

자동차 중고부품 인터넷쇼핑몰인 그린파트(www.greenpart. co.kr)를 2016년 3월에 다시 열었습니다. 사실 2003년에 2년 이상의 개발작업을 거쳐 시작한 사업입니다. 그 당시 쇼핑몰 그린파트는 자체 재고부품을 보유하지는 않고 입점 업체에게 판매 장터를 제시하는 식이었는데, 제가 원하는 만큼의 품질과 서비스를 제공하지 못하고 결국 3년 5개월 만에 접어야 했습니다. 전국의 고객을 상대로 약 4천 건을 판매했는데 수익은 나지 않았고 시범사업 수준이었습니다. 그래도 지금까지 자신 있게 말씀드릴 수 있는 건, 소비자의 단순변심을 포함해 상품을 받은 지 1주일 이내까지 반품을 처리해 주었는데, 반품률이 4% 정도로 매우 낮았다는 점입니다.

자동차는 브랜드, 모델, 연식별로 워낙 다양한 데다 부품의 종류도 많은데 이걸 중고로 판매한다는 것은 언뜻 보면 황당해 보일 수도 있습니다. 그런데 우리보다 자동차산업이 더 발달한 미국과 일본만 보더라도 자동차 중고부품시장이 아주 활성화되어 있고, 특히 우리나라에서도 노후 자동차가 점점 늘고 있다는 점(2015년 기준 승용차의 8%가 15년 이상)과 자기 손으로 차를 고치는 차주들이 늘고 있다는 점 등을 보며, 자동차 중고부품시장이 앞으로 국내에서도 성장할 것이라고 생각했습니다. 그러한 판단에 따라, 특히 공급능력을 갖추기 위해 전국에 '굿바이카페차산업' 직영점을 10개 이상 만들고, 자체 연구소를 세워 더 나은 품질 향상을 위한 연구 개발을 하고 직원들 교육도 할 계획입니다.

판매할 수 있는 상품이 아직은 적고 보잘것없습니다만 새로운 시작이라고 생각합니다. 약간의 관심과 품을 들여 필요한 중고부품을 직접 구입한다면, 정비소에 그냥 맡기는 것보다 저렴한 가격으로 차를 수리할 수 있습니다. 2002년식 '산타페 사이드미러'를 예로 들자면, 그린파트(www.greenpart.co.kr)에서 구입할 경우에는 1만5천 원(배송비 별도)입니다. 그러나 신품 순정품(부품번호 8761026100)의 가격은 8만3천 원으로 약 5배 이상 차이가 납니다. 새것과 다름없는 품질의 중고부품을 쇼핑몰에서 구입하여 직접 설치하거나 단골 정비소에서 공임만 주면 됩니다.

범퍼는 소모품

범퍼Bumper는 '부딪히다'란 뜻을 가진 'bump'에서 나온 용어로서 '부딪히는 것' 혹은 '부딪히는 것을 방지해 주는 것'이라는 뜻을 갖고 있습니다. 범퍼는 차체 앞뒤의 맨 끝에 붙어서 뭔가에 부딪힐 때 충격을 흡수해 줍니다. 미국에선 도로에 차가 많아 가까이 붙을 정도로 교통정체인 상황을 "Traffic is bumper to bumper"라고 합니다.

이렇게 운전자를 보호하는 범퍼는 소모성 부품에 속해서, 조금 흠집이 생기거나 망가져도 '제 역할을 했구나!'라고 생각하면 됩니다. 그런데 상대방 과실로 교통사고가 발생할 경우, 범퍼를 '스치기만' 해도 신품으로 교체해 달라고 요구하는 분들이 꽤 있습니다. 부분도색만 해도 표가 나지 않고 사용할 때도 전혀 문제가 없는데도, 통째로 교체하는 것은 명백한 낭비입니다.

알아두면 유용한 자동차 부품 용어

미숑

자동차 원동기(엔진)에 연결되어 속도와 힘을 조절하는 부품이 변속기입니다. 우리는 흔히 수동은 스틱(Stick) 또는 매뉴얼(Manual)이라 부르고, 자동을 오토(Automatic)라 부릅니다. 영어로 Gear Box, 또는 Transmission이라 하고, 약자로 M/T와 A/T로 쓰기도 합니다. 일반적으로 전진변속의 단수가 올라갈수록 성능과 가격도 올라갑니다. 서울 장안평 중고부품 거리와 여러 폐차장에서 어떤 부품을 '미숑' 또는 '미션'이라 부를 때, 저는 그것이 불어인 줄 알았습니다. 그러나 변속기의 영어단어 Trans'mission'의 뒷부분을 '미숑'이라 부른다는 걸, 컨테이너로 수출을 여러 번 하고 난 뒤에야 알았습니다. 정식부품의 명칭은 아니고 그냥 현장에서 부르는 용어입니다.

데우 / 데후

자동차 부품 용어에 일본말이나 일본말 비슷한 게 꽤 있는데, '데후'도 그중 하나입니다. 엔진에서 구동축(Propeller Shaft)을 통해 전달된 구동력을 다시 뒷바퀴에 전달하는 '디퍼렌셜 기어'(Differential Gear)를 뜻하며, 올바른 용어는 차동기어입니다. 이 차동기어를 포함한 뒤축(rear axle)을 '뒷데우' 또는 '뒷데후', 줄여서 '데우/데후'라고 부릅니다. 요새는 '뒷장'이라고도 합니다.

다시방과 메다방

'다시방'과 '메다방'. 시골에 있는 다방 이름 같기도 합니다만, 자동차정비업과 폐차업에서 자주 쓰는 말입니다. 계기판, 오디오, 글로브 박스가 있는 운전석 앞 전체(IP: Instrument Panel)를 '대시보드'(Dashboard)라고 하는데 여기서 '대시'와 넓적하다는 뜻의 '반'(盤)이 합쳐져 경남지방 사투리인 '다시방'으로 불린다는 설과 'Dashboard'를 일본식으로 발음한 것에서 유래되었다는 설이 있습니다. 이는 조수석 쪽에 있는 운전자지침서 등을 넣어두는 공간을 말하며, 사실 글로브 박스(Glove Box)가 정확한 표현입니다. 시동모터가 없던 시절 장갑을 끼고 앞에서 손잡이를 막 돌리고 나서 그 장갑을 넣어두는 곳이었답니다. '메다방'은 Meter Board의 일본식 발음인데, 계기판입니다. 자동차 중고부품 중 소비자들이 가장 많이 찾는 품목 중 하나입니다.

(사진출처: www.encarmagazine.com)

저처럼 자동차부품이 빨리 소비될수록 이익을 보는 사람이 '낭비'이기 때문에 바꿀 필요가 없다고 말하는 것이 이상해 보일 수도 있지만 충분히 쓸 수 있는 부품이 막무가내로 버려지는 것은 옳지 않습니다. 그러한 행위 역시 환경에 해를 줄 수 있기 때문입니다. 물론 저는 장사를 하는 사람이지만, 앞에서도 이야기한 것처럼 제가 폐차 재활용·재사용업을 하는 이유는 환경문제 해결에 기여할 수 있으면서 돈을 벌 수도 있기 때문입니다.

만일 범퍼를 바꿀 필요가 있는 경우, 재생품이나 중고품으로 교체하는 것은 어떨까요? 연식이 오래된 차량일수록 신품 범퍼보다 그게 더 어울립니다. 앞의 사진은 대우자동차가 생산한 승용차, 1994년식 아카디아에서 떼어내어 그린파트 쇼핑몰에서 판매하였던 범퍼입니다. 안팎을 살폈는데 다시 사용할 수 있는 중고부품이었습니다. 이렇게 중고품, 재생품에 대한 인식만 바뀌어도 환경에 도움이 되고, 이와 관련된 사업장들도 발전할 수 있습니다.

기술평가 부문 벤처기업이 되다

2017년 9월 26일자로 굿바이카폐차산업이 벤처기업확인서를 받았습니다. 우리나라 540여 폐차장 중 두 번째로 받았고, '기술평가' 부문에서는 영광스럽게도 처음으로 받은 회사가 되었습니다. 현재 사용하고 있고 앞으로도 개발하려는 폐차처리 전산시스템에 대해서도 좋은 평가를 받았습니다. 2000년 국내 최초로 인터넷 기반 전국폐차대행서비스를 시작한 지 18년 만에 벤처기업으로 확인받았으니 참 오래 걸리기도 했습니다.

저는 폐차장 사장으로서 적극적으로 자원순환을 통해 환경을 보호하고 지구온난화에 맞서 싸운다는 자부심을 갖고 있습니다. 폐차하지 않으면 방치차량으로 흉물이 되고, 폐차를 해체하면 쇠, 알루미늄, 양은, 구리, 금, 합성수지 등의 자원으로 다시 태어납니다. 고무나 유리, 의자 안의 스펀지는 아직 폐차 재

벤처기업확인서

제 20170401956호

업 체 명 : 굿바이카폐차산업㈜
대 표 자 : 남준희
소 재 지 : 경기도 광주시 광적면 삼일로 77-24
확 인 유 형 : 기술평가대출기업(종진공)
평 가 기 관 : 중소기업진흥공단
유 효 기 간 : 2017년 09월 25일 ~ 2019년 09월 24일

위 업체는 『벤처기업육성에 관한 특별조치법』 제25조의
규정에 의하여 벤처기업임을 확인합니다.

2017년 09월 25일

SBC 중소기업진흥공단 이사장

활용 체계가 제대로 잡혀 있지 않아, 태워야 하는 산업쓰레기이
지만 자동차제작사의 생산자책임을 강화할 수 있는 제도가 하
루빨리 도입되어 이런 부품들도 재활용하기를 바랍니다.

조기폐차는 미세먼지의 오염원을 없애는 역할을 하고 있습

니다. 매년 조기폐차의 예산이 늘어나고, 조기폐차에 대한 경유차 소유자의 호응도 커져갑니다. 중대형트럭과 건설장비 조기폐차의 필요성 또한 커지고 있습니다. 폐차장 사장으로서 저의 꿈과 바람도 커져만 갑니다. 초심을 잃지 않고 계속해서 꿈꾸고, 그 꿈을 달성하기 위해 노력하려 합니다.

차령초과 자진말소등록제도의 문제점

2016년 9월 한국지방세연구원은 「차령초과 자진말소등록 차량의 효율적 체납 관리방안」을 통해 "2003년 도입된 차령초과 자진말소등록제도는 차량등록 후 수십 년이 경과돼 환가가치가 없다고 인정되는 차량에 대해 말소등록을 가능케 한 제도로, 체납차량의 무단방치를 예방하고 무의미한 부실채권 확대를 방지하는 순기능이 존재하지만, 이 말소등록제도를 악용해 고의로 자동차세 또는 자동차 관련 과태료 등을 체납하는 도덕적 해이가 발생하고 있다"고 주장했습니다. 이를 해결하기 위해 전국 지자체가 공조하여 자진말소할 때 발생하는 폐차보상금을 압류해 체납액 일부를 회수하는 방안과 차령초과 자진말소 신청 시 반드시 최우선 채권자의 동의를 얻도록 규정을 강화하는 방안을 제시하였습니다.

자동차관리법 자동차등록령에 따라 자동차 폐차말소제도 중에 최초 등록일로부터 승용차는 11년, 화물·트럭·특장차는 10년이 지나면, 해당 차량에 세금이나 과태료 체납에 따라 자동차등록원부에 압류가 기재되어 있더라도 말소를 받아줍니다. 방치차량을 줄이고 다른 재산을 활용하도록 하여 체납금을 잘 환수할 수 있도록 만든 제도인데, 도리어 체납금을 내지 않는 수단으로 악용되는 경우가 늘고 있어서 개선할 필요가 생긴 것입니다.

저는 위 보고서의 주장에 동의합니다만, "법에 있는 제도이니 차주께서 이렇게 해 달라"고 하면 거절하거나, 해당 차량에 대한 안내를 하지 않을 수 없습니다. 이걸 차령초과 말소등록제도, 줄여서 압류폐차라고도 하는데 제도 개선이 가능한 빨리 되면 좋겠습니다.

폐차는 일반폐차, 체납금 안 내고도 할 수 있는 압류폐차, 경유차를 폐차하고 정부에서 보조금을 받는 조기폐차, 차를 버리고 방치하면 관청에서 알아서 말소해주는 방치폐차, 자동차 소유주가 돌아가신 경우에 하는 상속폐차 등 다양한 종류가 있습니다.

폐차 말소된 차의 수출

2016년 7월 15일에 K방송에서 논란의 여지가 있는 보도를 하였습니다. '허위 폐차 수출, 세금 누수·대포차 악용'이라는 내용으로 등록이 말소된 폐차차량이 실제로는 해체되지 않고 밀수출되고 있다고 지적했습니다. 현재 중고차를 수출하려면 수출용 임시 말소를 신청하거나 폐차 말소하여 통관을 거치면 됩니다. 폐차장에서 폐차인수증을 발급하여 말소한 차량도 관세청에서 수출 통관을 허용하고 있습니다. 방송 보도에서는 국토부 공무원이 애매하게 답변을 했지만, 차량상태에 관계없이 폐차로 말소된 자동차는 중고차로 수출할 수 있습니다. 또한 수출용 임시 말소를 했지만 실제 수출되지 않아 폐차 말소한 것을 두고 허위 폐차 수출이라며 불법이라고 보도했는데, 사실은 그렇지 않습니다. 폐차장에 입고되지 않은 채 폐차인수증을 발급하면 해당 폐차장이 위법행위를 한 것이지만 해당 자동차를 폐차장에 입고하여 폐차인수증을 발급받은 뒤 말소하고, 수출상이 폐차장에 수출용 임시 말소된 자동차를 판 걸로 처리한 다음 폐차 말소가 된 자동차를 되산 것으로 처리하면 위법적이라고 할 수 없습니다. 자동차관리법 제13조 8항에서 "수출용 임시 말소를 했지만 수출을 이행하지 못하면 폐차업자에게 폐차를 요청"할 수 있도록 허용했기 때문입니다.

중고차 수출상들이 수출을 위해 임시 말소를 하면 9개월 이내에 수출이행을 해야 하는데, 주문 취소와 같은 사유로 선적하지 못하여 수출이행을 할 수 없는 경우에 폐차장에 입고하여 폐차 말소를 하게 됩니다. 수출을 할 수 있다고 판단하면 폐차장에서 다시 사서 가져가고, 그렇지 않을 경우엔 폐차장에 차량을 그냥 인계하고 마는 겁니다. 폐차장에서 폐차인수증을 발급했다 하더라도 일정 기한 내에 해체나 파쇄를 할 의무가 없고, 폐차로 말소된 자동차를 해외에 판매하는 행위가 금지되지 않기 때문에 수출용으로 임시 말소된 자동차를 수출상으로부터 구입하여 폐차 말소한 다음에 해당 수출상에게 되팔아도 되는 겁니다. 이 보도에서 수출용으로 임시 말소된 자동차를 폐차장에 입고하지 않고 폐차인수증을 발급한 것을 문제 삼아야 했는데, 폐차로 등록 말소된 차량이 수출되는 것을 밀수출로 보도한 것은 맞지 않습니다.

폐차 시 에어컨 냉매 회수

2016년 12월에 한화증권의 전 사장이 국회청문회에 나와 "우리나라 재벌의 작동원리는 조직폭력배와 같다"고 말했습니다. 삼성그룹의 3세 경영권 이양을 위한 삼성물산과 제일모

직 합병에, 소신껏 부정적인 입장을 표현하다 보복당한 것 같았습니다.

재벌만 그럴까요? 저도 살면서 그런 경우를 몇 번 겪었습니다. 2016년 청문회 보도를 보면서 2005~2006년 상황이 떠올랐습니다. 저는 EU나 일본처럼 자동차에도 EPR제도를 도입해야 공익에 도움이 된다는 신념에서 "폐차과정 중 공중에 발산되는 온실가스인 냉매가스 문제는, 자동차제작사가 나서서 책임 있는 역할을 해야 한다"고 글도 쓰고 방송에 나가 주장했습니다. 그런데 모 자동차의 재활용 담당직원이 사석에서 처음 만나, "앞으로 우리 회사의 어떤 분야든 출입할 꿈도 꾸지 말라"며 협박에 가까운 말을 했습니다. 실제로 2007년에 환경부, 폐차업계, 자동차제작업계의 자동차 재활용 관련자들이 일본과 유럽으로 선진사례를 체험하기 위한 여행을 갔을 때, 제가 신청한 것을 알았던 그 직원이 환경부 담당사무관에게 저를 명단에서 뺄 것을 요구한 적도 있습니다. 그 이후 그 자동차그룹과 재활용 관련 사업은 뭐라도 시도할 엄두를 못 냈습니다.

그런데 제가 국내에서 처음으로 문제를 제기하여 모 자동차 회사 직원에게 출입금지 통보를 받았던 사안은 결국 현실에 반영이 되었습니다. 10년이면 강산이 변하는 게 맞나 봅니다.

이제는 폐차 시 온실가스인 에어컨 냉매를 빼고 해체해야 합니다. 냉매가스가 보관용 통에 가득 차면 회수업체가 가져가서

에어컨 냉매를 회수하는 장면.

처리하고 폐차장은 회수된 냉매총량을 환경부 전산망에 입력해야 합니다. 폐차하는 자동차 대수를 근거로 양이 적을 때는 해명하거나 제재를 받기도 합니다. 그러므로 폐차장은 자동차를 해체하기 전에 냉매회수기에 호스를 연결하여 에어컨 냉매를 빼는 공정에 시간과 노동력을 투입해야 합니다. 누가 보상해주는 게 아니라 번거롭고 귀찮기도 합니다만, 이젠 환경을 위해 의무사항으로 바뀌었으니까요.

폐차장을 운영하기 훨씬 전부터 더 나은 사회를 위해 폐차

과정에서 냉매를 회수해야 한다고 주장했는데, 현실에 반영되어 이젠 제가 그런 의무행위의 당사자가 되었습니다. 폐차장을 운영하며 직원들과 함께 이런 힘들고 복잡한 과정을 무상으로 처리하게 되었습니다. 아무리 개인적인 손해와 수고를 치른다고 할지라도, 저는 기후온난화 방지에 기여했다는 보람을 느낍니다. 단순히 돈을 버는 것이 아니라 군대에서 알게 된 재활용·재사용으로 사업을 환경에 이로운 방향으로 하고 있다는 자부심이 크기 때문입니다.

자동차 중고부품 수출할 때 컨테이너 무게를 정확히

국제해사기구IMO의 해상인명안전규정SOLAS이 개정됨에 따라, 2016년 7월 1일부터 '컨테이너 화물 총중량 검증제도'가 전 세계적으로 시행되었습니다. 수출상인 모든 화주기업은 화물중량에 공空 컨테이너 중량을 포함한 총중량VGM, Verified Gross Mass 정보를 선사에 정확히 전달해야 합니다. 무역업이나 폐차업에 종사하지 않으면 짐작하기 어렵겠지만, 정확한 정보를 제공하는 이 제도는 아주 중요합니다. 그렇다면, 이제까지는 정확하게 전달하지 않았냐고요? 믿기 어려울 수도 있겠지만 수출상이나 폐차장마다 달랐습니다.

수출을 위해 수출상이나 제조업체는 '화물의 순純무게'와 '컨테이너 무게'를 합친 총중량을 선적 서류에 적어 왔지만, 사실 줄여서 적어도 처벌되는 경우는 거의 없거나 처벌 정도가 약했습니다. 특히 중고엔진과 같이 무거운 상품을 수출할 때는 실제보다 적게 기입해서 제출하는 경우가 많았습니다. 컨테이너는 개당으로 해상운임을 내야 하니 컨테이너당 많이 실을수록 상품별 운임이 적어지는 효과를 볼 수 있습니다. 그래서 무게가 많이 나가는 화물일수록 총중량 규정보다 더 많이 적재하는 경향이 있었습니다. 예를 들면, 한국의 어느 항구에서 외국의 어느 항구까지 컨테이너를 운송하는 해상운임이 1,000달러라면 엔진을 50개 실을 때는 엔진당 20달러가, 같은 컨테이너에 엔진을 100개 실을 때는 엔진당 10달러가 운임으로 발생하니 수출상이나 수입상 입장에선 컨테이너당 최대로 적재하려합니다. 이때 무게 규정을 지키려면 50개의 엔진만 실어야 하는데, 컨테이너 공간상 100개를 실을 수 있다면 무게 규정을 초과해서 싣는 경우가 많았습니다. 물류비용을 아끼는 것은 수출상과 수입상 모두에게 이익이기 때문입니다. 하지만, 컨테이너를 운송하는 트랙터와 트레일러의 축당 순중량과 전체 총중량 제한을 넘으면 육상 운송이 거부되기 때문에 서류상에는 실제보다 낮춰서 적습니다. 앞으로는 컨테이너별 무게 규정에 맞춰서 적재하고 선적 서류에도 실제 무게를 정확히 기재해야 합니다. 화주가 운송회사에 총중량을 정확히 통보해야 하고 이를 어기면 선적이 금지되고 별도의 처벌을 받게 됩니다. 선박의 안전한 항해를 위해서입니다. 세월호 같은 비극을 피하기 위해서 이지요. 모든 폐차장에는 검증된 중량기가 설치되어 있으므로 이 규정을 지키는 데 문제는 없습니다. 고의로 규정을 어길 의도가 없다면요.

폐차장에 폐차 신청하기란?

세상 돌아가는 이치 중에 밥그릇 싸움은 개인, 가족, 마을, 인종, 국가 사이에 오랫동안 이뤄졌고 지금도 마찬가지입니다. 자동차해체 재활용업계, 즉 폐차업도 그렇습니다. 자동차관리법에 따라 등록한 '폐차장'과 '폐차영업자'(딜러) 사이에 실랑이가 있어 왔고, 2015년 법이 개정됨에 따라 폐차장으로 등록하지 않은 사업자 또는 폐차장 소속이 아닌 개인의 폐차영업이 불법이 되었습니다. 규모가 있고 조직화한 폐차업계가 유리해졌지만, 앞으로 두고 볼 일이기도 합니다.

폐차장 입장에서, 정비소, 신차영업소, 중고차 매매상 등을 다니며 폐차 건수를 확보한 뒤 여러 폐차장에 연락해 보상금을 많이 주는 곳에 폐차를 의뢰하는 폐차영업자는 상당히 불편한 존재입니다. 폐차영업자들이 폐차보상금을 올릴뿐더러 사후 관리를 소홀히 하기 때문입니다. 폐차장에서 폐차 말소에 필요한 서류를 확보하거나 압류나 저당을 해지할 때, 혹은 자동차 소유주의 연락처를 모를 때에 신속하게 업무를 처리하지 못합니다. 물론 최종 선택권자인 차주 입장에서는 보상금을 많이 주면서 신속하게 처리하는 게 최고일 겁니다. 이것만 잘 되면 업자들 사이의 싸움이야 밥그릇 문제이니 별 상관이 없을 수 있습니다. 그런데 최소한 무등록사업자와의 거래는 피하는 것이 좋습니다. 갑자기 연락이 안 되거나, 문제가 생기면 책임을 회피할 수 있다는 위험부담이 언제나 있습니다. 약 천 평(3,000m²) 이상의 대지에 각종 환경기준에 맞춰 등록하고 정기적으로 시청과 환경부의 관리·감독을 받는 폐차장을 이용하는 것이 안전합니다.

IS는 폐차업계의 공적

ISA(개인종합자산관리계좌)Individual Savings Account를 들어보셨습니까? 2016년에 3월에 처음 나왔는데 흩어져 있던 금융상품을 한 계좌에서 투자할 수 있게 되어 재산증식을 위해 좋다며 크게 홍보된 상품입니다. 은행 간 경쟁이 심해지고 은행 내에서도 인

사고과에 중요하니, 지인이 꼭 좀 가입해 달라고 말해 그냥 1만 원으로 만들었습니다. 그런데 제 눈에 ISA는 IS의 Asset, 즉 IS의 자산으로 보이기도 하여 긴장했습니다. 왜냐면 IS는 우리 폐차 업계의 공적이기 때문입니다. 농담 반 진담 반이지만, 우리 업계가 더 풍요롭고 단결이 잘 되며 소수의 중견기업으로 구성되었다면 성금을 모아 외국 용병을 IS 격퇴를 위해 보내야 할 판이었습니다. IS는 아시다시피 매우 극단적이고 호전적인 무장 단체로서 '이슬람국가'Islamic State라는 뜻인데 제 눈에는 그저 폭력단체로 보입니다.

그런데 이 IS가 왜 폐차업계의 공적이 되었을까요? IS가 분란을 일으켰던 시리아, 이라크, 리비아 등의 나라가 우리나라 자동차 중고부품의 주요 수출시장인데 내전상태 때문에 주문이 거의 사라졌습니다. 2014년부터 2016년 사이에 고철이나 폐구리선 등의 자원가격이 떨어졌는데, 주문까지 급감하니 폐차업계는 때 아닌 '보릿고개 시절'로 되돌아 갈 정도였습니다. 지금은 전쟁이 거의 끝난 것 같지만, 주문은 좀처럼 회복될 기미를 보이지 않습니다.

게다가 폐차장은 IS 테러 때문에도 골치가 아픕니다. 오래된 자동차를 해체하는 자동차해체 재활용사업자인 폐차장이 IS 테러와 얽힐 수 있을까요? 말이 안 될 것 같은 일이 현실에서 벌어졌습니다.

폐차장을 자주 오고가는 바이어나 노동자 중에 중동에서 오신 분들이 많습니다. 특히 시리아내전 이후 한국에 난민신청을 한 분들이 생계를 이어야 하니——한국체류 중엔 정부의 지원이 전혀 없기에——전국 폐차장에서 다양한 형태로 일하고 있습니다. 사실 이들 중 IS와 연관된 이가 전혀 없다고 할 수도 없겠지요.

경찰서에서 테러 예방 간담회에 오라고 공문을 보내왔습니다. 운행이 가능한 폐차를 수리·개조하고 기관총이나 대포를 탑재하여 테러조직이나 IS에서 사용할 수 있다면서, 처음 보는 중동사람이 운행 가능한 트럭이나 픽업 자동차를 구매하면서 앞부분을 보강해 달라고 특별히 요청하면 신고하라고 했습니다. 좀 막연했지만 경찰 외사정보과 형사가 정식으로 요청하니 어쩌겠습니까. 자동차 재활용 사업하며 테러와도 싸워야 하는 굿바이카폐차산업입니다.

굿바이카폐차산업 사장은 소송 중 — 저감장치 자(기)부담금 의무납부는 옳지 않았다

동사무소에서 전입신고를 할 때, 만약 이전에 살던 집 근처 식당에 외상이 있으니 이걸 내고 오거나 동사무소에 납부해야 전입등록을 해준다고 한다면 말이 될까요? 공무원이 외상을 갚으라 마라 관여하면 안 되는 게 상식인데, 상식에 어긋난 일이 2013년부터 2016년 10월까지 4년간 발생하였습니다.

환경부는 수도권을 중심으로 노후 경유자동차가 배출하는 미세먼지를 줄이기 위해 정부보조금을 지급하여 배출가스 저감장치를 부착하거나 저공해엔진으로의 개조를 유도해 왔습니다. 2006년부터 배출가스 저감장치를 부착하고 저공해엔진으로 개조하는 데 드는 비용의 5~30%를, 노후 경유자동차의 소유자가 부담하도록 하였습니다. 그런데 제도의 정착을 촉진하기 위해 저감장치 제작사는 차주가 수출이나 폐차 말소 시에 후납할 수 있도록 했습니다. 말소시점에 후납하겠다고 약정한 자기부담금은 외상 매출에 해당하는데, 중고차 매매의 경우를 고려하면 자동차등록원부에 저당설정을 해야 원활한 채권회수가 가능했습니다. 그래서 저는 채권자인 저감장치 제작사 모임에 가서 의견을 전달하였으나 판매경쟁을 하는 제작사들은 이 저당설정을 기피했습니다.

저감장치는 2009년 9월부터 개정된 법률이 시행됨에 따라 수출이나 폐차 말소 시에 '정부에 반납'하도록 되었습니다. 지자체로부터 장치를 회수하는 업무를 위임받은 한국자동차환경협회는 저감장치를 받고 나서 '저감장치 반납확인증명서'를 발급해주는 업무를 시작했습니다. 이 협회는 현재 저감장치 제작사들이 회원이 되고 환경부 퇴직 공무원들이 간부가 되어 운영되고 있습니다. 환경부는 2012년 5월부터 저감장치 제작사들이 사적 채권·채무에 해당하는 자기부담금을 쉽게 받을 수 있도록 반납확인서의 발급기한을 연장하였고, 협회는 저감장치를 반납하는 자동차 소유자의 정보를 제작사에 통보하였습니다. 그러나 이런 방식으로도 자기부담금 납부율이 저조하자 협회는 2013년부터 자동차 소유자들이 저감장치를 반납하더라도 자기부담금을 내지 않을 경우엔 반납확인서를 발급하지 않는 방식으로 바꾸었습니다. 자기부담금 납부율을 올리기 위한 고육지책이었습니다.

그러나 배출가스 저감장치의 자기부담금은 '제작사의 외상채권'에 해당하고, 제작사별로 저감장치의 제조원가가 모두 다르기 때문에 할인이나 면제도 할 수 있는 '민사상 채권채무'에 해당합니다. 따라서 자동차를 등록 말소할 때, 법적 의무사항인 '저감장치 반납'과 민사상 채권채무인 '자기부담금 납부'를 연계하여 최종 차주에게 자기부담금을 내게 할 어떤 법적 근거도 없습니다.

당시 저는 환경부에 자문 역할도 하고 협회의 저감장치 반납창고 용역일도 하고 있어 업무내용을 잘 알고 있었습니다. 2012년 11월과 12월에 "협회의 자기부담금 수납업무가 무등록 채권추심에 해당할 뿐만 아니라 차주가 바뀐 경우에는 최종 차주는 자기부담금을 낼 의무가 없다"고 주장했습니다. 특히 법률상 '의무사항'인 저감장치 반납행위와 '사적'인 채권회수를 연계하는 것은 명백한 불법이라고 반대의견을 여러 번 피력하다가 결국 괘씸죄에 걸렸습니다. 배출가스 저감장치 반납을 법적 의무로 만드는 데 중요한 역할을 했던 저로서는, 책임감을 느끼지 않을 수 없었습니다.

협회는 2013년부터 2016년 10월까지 반납확인서와 연계하는 방식으로 자기부담금을 저감장치별로 '일률적'으로 정하여 납부하게 만들었습니다. 협회는 수수료 수익을 얻고 회원사인 저감장치 제작사는 채권을 회수할 수 있도록 환경부가 승인한 것입니다. 사인 간 채권채무로서 환경부가 개입할 수 있는 어떤 법률 근거가 없는데도 환경부가 개입한 것은 납부율을 높이기 위해 초법적인 조치를 취한 것이라고 생각합니다. 이 정도면 정부 부처인지 '채권추심업자'인지 헷갈릴 정도입니다.

환경부와 수도권 지자체, 협회와 회원사들이 짬짜미로 만들었던 이 사건은, 언론이 계속 문제제기를 해도 꿈쩍하지 않다가 국정감사를 통해 문제의 심각성이 밝혀졌습니다. 2016년 10월에야 환경부는 협회에게 중단을 요청하고 "협회가 자기부담금 납부와 관계없이 반납확인서를 일주일 내에 발급하라"고 지시했지만 여전히 문제는 남아있습니다. 우선 현재까지 '불법적'으로 거두어 저감장치 제작사에 갖다 준 자기부담금과 협회가 얻은 수익금 모두를 중고차 수출업자, 폐차업자, 차주 등에게 돌려주어야 하고, 불법행위에 관련된 자들은 마땅한 처벌을 받아야 합니다. 4년 동안 8만 명으로부터 100억 원을 '삥 뜯은' 것이나 다름없는 문제인데 해결되지 않고 있습니다.

또한 협회는 더 이상 채권회수와 반납행위를 노골적으로 연계시키진 못하지만, 폐차업체가 폐차하는 차주에게 줘야 하는 고철비의 일부로 자기부담금을 대신 납부할 때마다 건당 1만 원의 홍보비를 폐차업체에 지급하는 방식으로 2018년에도 버젓이 자기부담금 회수에 관여하고 있습니다.

2017년 6월 4일에 저는 환경부에 공개적으로 민원을 제기하였습니다. 환경부는 이에 "협회에 대해 발급연계를 하지 말라고 했지만, 협회에 대해 발급연계를 승인하는 위치에 있지 않으며, 승인사항도 아니"라고 답하였습니다. 그러나 환경부는 협회가 2013년 1월부터 발급연계를 했을 때도 협회의 감독기관이었고 문제가 생겨 2016년 10월에 협회에 발급연계를 하지 않도록 요청했을 때도 협회의 감독기관이었습니다. 어떻게 발급연계를 승인하는 위치에 있지 않으면서 이를 중지하라고 명령할 수 있을까요?

2017년 6월 4일 민원 질의

2. 위의 자기부담금 납부에 대하여, 귀부는 지난 2016년 10월 26일

자 공문에서 '현행: 자기부담금 납부의 장치반납확인서 발급연계' 가 '개선: 자기부담금 납부와 관계없이 현행 지침에 따라 장치반납 확인서 발급'으로 제도개선이 되어 2016년 10월 11일부터 시행 중이라고 하였습니다(참조: 환경부 해당 공문). 귀부가 4년간 협회의 자기부담금 납부의 반납확인서 발급연계를 승인하여 '차량소유자와 장치제작사 간의 계약상 내용의 채권채무'에 개입하여 온 이유와 법적 근거는 무엇입니까?

환경부 답변

차량소유자가 자기부담금을 장치제작사에 납부하는 것은 자동차 소유자와 장치제작사 간의 계약에 의한 것입니다.

— 한국자동차환경협회는 장치제작사와 협약에 따라 자부담금 징수를 대행한 것으로 알고 있습니다.

— 아울러, 환경부에서 자기부담금 납부와 장치반납확인서 발급연계를 하지 않도록 한 것은 한국자동차환경협회에서 일부 자기부담금 납부가 되지 않은 사항에 대해서 안내 및 중재 등의 문제로 장치반납확인서 발급이 지연되는 사례가 있어 관련 지침에 따라 장치반납확인서를 적정 발급하도록 요청한 것임을 알려드립니다.

— 환경부는 자기부담금 납부와 장치반납확인서 발급연계를 승인하는 위치에 있지 않으며, 승인사항도 아님을 알려드립니다.

협회가 배출가스 저감장치를 반납 받은 후에 반납확인증명서를 발급하기 시작한 시기를 보면 '저감장치 접수 당일 또는 다음날 → (2012년 5월 환경부 관련 지침 개정 후) 접수 후 일주일 → (2013년 1월부터) 자기부담금 납부 시까지 미발급 → (2016년 10월 환경부 공문 발송 후) 접수 후 일주일 → (2017년 2월 환경부에 민원 제기 후) 접수 후 3일'로 총 네 번 바뀌었습니다. 이 과정에서 환경부는 세 번이나 개입하였습니다. 4년간 아무런 권한이나 역할이 없었다는 해명은 믿기 어렵습니다.

이에 녹색당은 환경부를 직권남용의 혐의로 고발했으나 증거불충분으로 검찰이 불기소처분을 내려 2017년 11월에 재정신청을 하였고, 굿바이카폐차산업은 송금한 자기부담금 반환을 위한 민사소송과 신용정보법·채권추심법 위반 혐의에 대한 형사소송을 각각 제기하여 재판과 수사결과를 기다리고 있습니다. 환경부와 협회의 잘못이 가능한 빨리 밝혀지기를 소망합니다.

저는 개인사업자입니다. 1994년에 주식회사인 '좋은차닷컴'을 세워 오늘까지 운영하고 있는 '업자'입니다. 두 글자 중 한 글자가 같은 '사업'과 '사기'는 흔히 기본 속성조차도 비슷하다고 합니다. 제아무리 좋은 취지로 시작한 사업이라도 실패로 끝날 경우에는, 주위에 피해를 끼쳐 사기로 해석되기 십상이기 때문입니다. 저 역시도 사업하는 것이 어렵고 제 능력의 한계를 자주 느낍니다. 월급과 월임차료, 월사용료 등을 지급하는 날짜가 워낙 빨리 돌아와, 저는 '월'이라는 글자가 세상에서 제일 무섭습니다.

조그만 회사이지만 직원들에게 월급 주고 세금 내는 사업자인 제가 애국자라고 추켜세우는 분들도 주위에 있지만, 사실 재벌 위주로 움직이는 우리나라에서 저처럼 영세기업을 운영하려면 모든 걸 걸어야 겨우 유지할 수 있습니다. 자신과 가족, 직원들과 그 가족의 생계를 위해 법의 테두리 안에서 사업주는 뭐든 해야 합니다. 수익을 내기 위해 때로는 불법행위의 유혹을 느낄 만큼 절박하기도 합니다.

사장이라 불리지만 이렇게 약자이자 입에 풀칠하는 것조차 힘든 제 처지를 너무도 잘 알고 있으면서, 왜 환경부와 환경부 출신 전직 공무원이 주요간부로 있는 자동차환경협회의 방식에 반대하고, 제 주장이 묵살되자 언론과 국회에 도움을 요청하면서까지 문제제기를 한 것일까요?

이런 행동 때문에 저는 환경부와 협회의 미움을 샀고, 공식·비공식적인 협력관계들이 단절되기도 했습니다. 특히 공개입찰 방식을 거쳐 계속해 오던 용역사업을 더는 이어나갈 수 없게 되어 다수의 직원들이 회사를 떠나야 했을 때는, 후회한 적도 있습니다. '왜 반대의견을 냈던가, 앞으로도 계속 문제를 고발할 것인가'라는 질문을 저 자신에게 수없이 던졌습니다.

숱한 자책과 물음을 거쳐, 전 제가 죄책감을 갖고 있다는 것을 깨달았습니다. 정부보조금을 받고 배출가스 저감장치를 부착한 경유자동차가 수출되거나 폐차될 때, 그 저감장치를 정부에 의무적으로 반납하도록 의견을 낸 사람이 바로 저였습니다. 이후 환경부와 국회, 지자체의 동의를 구해 관련 법률이 개정되도록 힘썼습니다. 그런데 갑자기 환경부와 자동차환경협회의 결정에 따라 사적 채권채무인 저감장치 자부담금을 납부해야만 반납확인서를 발급하도록 비정상적으로 연계되는 데 커다란 안타까움과 책임감을 갖게 되었습니다. 의견을 낸 사람으로서 이 법 조항이 부당하게 사용되는 데 대한 일종의 부채의식이었지요.

500억 원 이상의 큰 돈이 정부에 세입처리되어 공익적 차원의 기여를 했다는 자부심을 가졌는데, 폐차할 정도로 경유차를 오래 타는 서민들이나 외화벌이의 최전선에서 분투하는 중고차 수출상들이, 자기가 지급하기로 약정하지 않은 '남의 빚'을 대신 내게 된 현 상황의 원인을 제공하게 된 것 같았습니다. 자부담금을 납부한 차주의 50% 이상이 중고차 매매로 자부담 후납 약정의 당사자가 아니고, 약정한 차주의 경우에도 자부담금이 할인되거나 면제된 사례가 많은데, 이를 제대로 확인하지 않고 일정 금액을 일괄 납부하도록 강제한 것은 잘못이라고 생각합니다.

죄책감에 더하여 자동차환경협회가 회원사의 채권을 대신 받아주는 행위는 애초의 목표이기도 했던 미세먼지를 줄이는 데 전혀 도움이 되지 않는다고 생각했습니다. 자동차환경협회는 "자동차 배출가스로 인해 인체 및 환경에 발생하는 위해를 줄여 국민의 건강과 환경보전에 기여하고 회원 상호간의 권익을 증진함을 목적"으로 설립되었습니다. 그런데 자부담금 납부 대행을 시작함으로써 회원 상호간의 권익 증진을 미세먼지 저감보다 더 중요하게 간주하였던 것입니다. 자부담금을 강제로 내야 했던 경유차의 차주나 중고차 수출상들은 큰 불만을 갖게 됐고, 결국엔 경유차 미세먼지 저감사업 자체를 불신하게 되었습니다. 저는 협회가 자부담금 수납업무를 중지하고 미세먼지 저감대책에 더 집중하기를 희망했습니다.

백 번 양보해서 자부담금을 후납하도록 강제하는 취지를 인정한다고 하더라도, 그것을 현실에 적용할 때에는 법에 근거를 두고 합법적인 절차에 따르는 것이 중요하다고 생각합니다. 환경부와 협회는 이러한 최소한의 상식마저 지키지 않았습니다.

헌법 제23조 1항은 "모든 국민의 재산권은 보장된다. 그 내용과 한계는 법률로 정한다"고 했고, 제37조 2항은 "국민의 모든 자유와 권리는 필요한 경우에 한하여 법률로써 제한할 수 있다"고 했습니다. 2012년 11월과 12월, 저는 환경부에 자부담금 납부를 강제하려 한다면 법률 개정을 해야 한다고 거듭 말씀

드렸습니다. 그러나 환경부는 법률 개정은 고려하지 않고 저감장치 제작사와 경유차 소유자 간에 법적 소송이 남발하여 생기는 사회적 문제를 방지한다는 이유를 내세워, 법적 근거도 없이 협회가 '임의로' 자부담금 납부와 저감장치 의무반납을 연계하여 채권추심 대행 업무를 맡도록 했습니다. 또한 환경부는 "협회가 저감장치 제작사의 채권을 대신 안내하고 협회의 은행계좌로 받아주는 행위는 채권추심에 해당하기에 신용정보법에 따라 금융위원회에 신용정보업으로 등록을 해야 하며 그렇지 않으면 불법 행위가 된다"는 제 의견도 묵살했습니다. 이런 결정은 행정부가 자의적으로 내릴 수 있다고 하더군요.

저는 협회가 자부담금 납부와 저감장치 의무반납을 연계하는 것이 잘못 되었다고 처음부터 몇 년간이나 계속 주장했고, 결국 환경부는 2016년 10월이 되어서야 공식 문서를 협회에 보내 지금까지 해 왔던 연계 업무를 중단시켰습니다. 마침내 문제는 옳은 방향으로 해결되었습니다. 그러나 그 과정에서 저는 큰 보복을 당했습니다.

2013년 초였습니다. 2010년에 저희 회사 좋은차닷컴이 협회의 공개입찰에서 최고점을 받아 선정된, '노후 경유차 조기폐차 접수 및 검사 용역업'이 3년 기한이 되어 2014년 3월에 재입찰을 할 예정이었는데 환경부는 갑자기 수도권을 강남과 강북 두 지역으로 나누어 각각 입찰을 진행한다고 방침을 바꾸었습니다. 자동차의 등록지와 사용지가 다른 경우가 많기 때문에 조기폐차에 대해 안내하고 접수 받는 창구를 둘로 나누면 큰 혼란이 발생할 것이 뻔했습니다. 폐차를 신청하는 사람과 폐차업자 모두가 혼란에 빠질 것을 우려한 저는 "왜 지역을 둘로 나눠서 용역업체를 따로 정하냐?"고 물었고, 여러 업체에 사업 기회를 주는 게 좋겠다는 환경부 고위직의 판단 때문이라는 답을 받았습니다. 당시 용역입찰을 진행할 협회의 협회장조차도 이런 환경부의 방침을 이해하지 못해 입찰 기일을 한 달이나 미뤘지만, 결국 환경부의 방침대로 입찰을 두 지역으로 나눠 진행했습니다.

　과정도 문제였지만 입찰 결과도 이상했습니다. 저희 회사가 한 지역에 선정되었는데 다른 지역의 입찰에는 아무도 참가하지 않아, 그 지역도 저희 회사가 용역을 수행하게 되었습니다. 방식은 바뀌었지만 수도권 전체에 대해 저희 회사가 단독으로 용역을 맡았고 용역 계약도 갱신되었습니다. 그런데 3년이 지난 2016년에 협회는 공개입찰로 선정했던 용역사업을 직영으로 전환하고, 대부분의 직원을 계약직과 파견직으로 채용하여 현재 협회가 직접 수행하고 있습니다. 한시적 사업의 성격상 협회가 직영하는 것보다 전문업체를 공개입찰로 선정하여 지금까지 하던 방식대로 진행하는 것이 타당하다는 저의 의견은 역시나 무시되었습니다.

저는 자동차환경협회가 회원사의 채권을 대신 받아주는 행위를 즉각 중지하고 자동차와 건설기계가 배출하는 미세먼지를 줄이는 본연의 사업에 집중해야 한다고 생각합니다. 그리고 환경부와 협회가 "자부담금 납부와 저감장치 반납을 연계하지 않았다"고 저와는 다른 주장을 하는데, 법정에서 실체적 진실이 무엇인지 밝혀지기를 소망합니다. 만약 자부담금 납부를 강제한 것이 맞고 그것이 법적으로 옳지 않다면 지금까지 불법으로 받은 자부담금을 납부한 이들에게 돌려주어야 하며, 그런 잘못된 결정을 내리고 실행한 과정을 낱낱이 밝히고 책임을 물어야 합니다.

저는 이익을 얻고자 하는 사업자이지만 동시에 정의로운 삶을 추구하는 시민이기도 합니다. 제가 생각하는 정의를 위해서 힘겨운 싸움이지만 꼭 끝을 내고 싶습니다.

내연기관자동차와 전기차의 미래

굿바이! 카

초판 1쇄 발행 2018년 5월 14일

지은이 남준희
펴낸이 오은지
편집 변홍철 이호흔
표지디자인 박대성
펴낸곳 도서출판 한티재 | 등록 2010년 4월 12일 제2010-000010호
주소 42087 대구시 수성구 달구벌대로 492길 15
전화 053-743-8368 | 팩스 053-743-8367
전자우편 hantibooks@gmail.com | 블로그 www.hantibooks.com

ⓒ 남준희 2018
ISBN 978-89-97090-86-0 04550
ISBN 978-89-97090-40-2 (세트)

이 도서의 국립중앙도서관 출판예정도서목록(CIP)은 서지정보유통지원시스템
홈페이지(http://seoji.nl.go.kr)와 국가자료공동목록시스템(http://www.nl.go.kr/kolisnet)에
서 이용하실 수 있습니다. (CIP제어번호: CIP2018013679)